建设机械岗位培训教材

高处作业吊篮安全操作
与使用保养

住房和城乡建设部建筑施工安全标准化技术委员会
中国建设教育协会建设机械职业教育专业委员会　组织编写
中国工程机械工业协会装修与高空作业机械分会

刘承桓　王　平　主编

中国建筑工业出版社

图书在版编目（CIP）数据

高处作业吊篮安全操作与使用保养/住房和城乡建设部建筑
施工安全标准化技术委员会，中国建设教育协会建设机械职
业教育专业委员会，中国工程机械工业协会装修与高空作业
机械分会组织编写. — 北京：中国建筑工业出版社，2018.10
建设机械岗位培训教材
ISBN 978-7-112-22789-1

Ⅰ. ①高…　Ⅱ. ①住…　②中…　③中…　Ⅲ. ①高空作业-
安全培训-教材　Ⅳ. ①TU744

中国版本图书馆 CIP 数据核字（2018）第 228949 号

本书为建设机械岗位培训教材，内容包括：岗位认知、设备认知、设备管理、组
装拆卸、安全操作与作业防护、日常检查与维护保养、常用标准规范及附录等。

本书既可作为施工作业人员上岗培训教材，也可作为职业院校相关专业学习参考
用书。

责任编辑：朱首明　李　明　刘平平
责任校对：王雪竹

建设机械岗位培训教材
高处作业吊篮安全操作与使用保养
住房和城乡建设部建筑施工安全标准化技术委员会
中国建设教育协会建设机械职业教育专业委员会　组织编写
中国工程机械工业协会装修与高空作业机械分会
刘承桓　王　平　主编
*
中国建筑工业出版社出版、发行（北京海淀三里河路 9 号）
各地新华书店、建筑书店经销
北京红光制版公司制版
天津翔远印刷有限公司印刷
*
开本：787×1092 毫米　1/16　印张：9¾　字数：242 千字
2018 年 12 月第一版　　2018 年 12 月第一次印刷
定价：29.00 元
ISBN 978-7-112-22789-1
（32920）

建设机械岗位培训教材编审委员会

主 任 委 员：李守林

副主任委员：王 平 李 奇 沈元勤

顾 问 委 员：荣大成 鞠洪芬 刘 伟 姬光才

委 员：（按姓氏笔画排序）

王 进 王庆明 邓年春 孔德俊 师培义 朱万旭

刘 彬 刘振华 关鹏刚 苏明存 李 飞 李 军

李明堂 李培启 杨惠志 肖 理 肖文艺 吴斌兴

陈伟超 陈建平 陈春明 周东蕾 禹海军 耿双喜

高红顺 陶松林 葛学炎 鲁轩轩 雷振华 蔡 雷

特别鸣谢：

中国建设教育协会秘书处

中国建筑科学研究院有限公司建筑机械化研究分院

北京建筑机械化研究院有限公司

中国工程机械工业协会装修与高空作业机械分会

中国建设教育协会培训中心

中国建设教育协会继续教育委员会

中国建设劳动学会建设机械技能考评专业委员会

住房和城乡建设部标准定额研究所

全国升降工作平台标准化技术委员会

住房和城乡建设部建筑施工安全标准化技术委员会

中国工程机械工业协会标准化工作委员会

中国工程机械工业协会设备租赁分会

河南省建筑安全监督总站

长安大学工程机械学院

沈阳建筑大学

大连交通大学管理学院

国家建筑工程质量监督检验中心施工机具检测部

廊坊凯博建设机械科技有限公司

北京凯博擦窗机械科技有限公司

上海普英特高层设备股份有限公司

江苏雄宇重工集团

无锡瑞吉德机械有限公司

无锡小天鹅建筑机械有限公司

托普斯曼（北京）有限公司

沈阳学龙机械有限公司

山东德建集团有限公司

大连城建设计研究院有限公司

北京燕京工程管理有限公司

中建一局北京公司

大连城建设计研究院有限公司

北京城建设计发展集团股份有限公司

中国建设教育协会建设机械领域骨干会员单位

前　言

自 20 世纪 80 年代，我国开始生产和使用高处作业吊篮（以下简称吊篮），至今已近 40 年。吊篮是无脚手架安装作业工法中的一种非常设悬挂接近设备，在建筑市场和建筑机械租赁服务市场成为建筑物外立面施工作业的首选机械。吊篮主要用于高层及多层建筑外墙施工，如：灰浆贴面、幕墙安装、涂刷、清洗维修等，也可用于大型罐体、桥梁、大坝等工程，目前在建筑外立面装饰施工和维护作业中，吊篮已基本替代了传统脚手架。随着机械化施工和无脚手架安装作业工法的普及，尤其是 2018 年 8 月 1 日实施《高处作业吊篮》GB/T 19155—2017 后，吊篮相关安全要求有了较多新变化，作业人员对吊篮的安全操作、组装拆卸、设备管理、租赁管理、使用维护等提出了知识更新的需要。

为推动建设机械和机械化施工领域岗位能力培训工作，中国建设教育协会建设机械职业教育专业委员会联合住房和城乡建设部施工安全标准化技术委员会共同设计了建设机械岗位培训教材的知识体系和岗位能力的知识结构框架，并启动了岗位培训教材研究编制工作，得到了行业主管部门、高校院所、行业龙头骨干企业、高中职院校会员单位和业内专家的大力支持。住房和城乡建设部建筑施工安全标准化技术委员会、中国建设教育协会建设机械职业教育专业委员会联合组织，会同全国升降工作平台标准化技术委员会、中国工程机械工业协会装修与高空作业机械分会的骨干厂商组建团队及时编写了《高处作业吊篮安全操作与使用保养》一书。该书全面介绍了岗位认知、设备认知、设备管理、组装拆卸、安全操作与作业防护等，对于普及无脚手架作业工法、机械化施工知识、安全作业标准化知识等将起到积极作用。

本书由中国建筑科学研究院有限公司建筑机械化研究分院刘承桓、王平主编，中国建筑科学研究院有限公司建筑机械化研究分院谢丹蕾、张淼任副主编，全书由王平负责统稿，长安大学工程机械学院王进教授和中国工程机械工业协会装修与高空机械分会王东红理事长担任主审。

参加本书编写的有：中国建筑科学研究院有限公司建筑机械化研究分院王春琢、鲁卫涛、刘贺明、恩旺、鲁云飞、张磊庆、陈晓峰、孟竹、孟晓东、陈惠民、安志芳、杨晶晶、林进华、谢彩毓、王彬、杨静等，中国京冶工程技术有限公司胡晓晨，无锡小天鹅建筑机械有限公司李石生、杜景鸣，无锡瑞吉德机械有限公司潘荣度、钱海军、金惠昌、陈雪松，江苏雄宇重工集团谢家学、王志华，托普斯曼（北京）有限公司周典海，浙江省宁波市轨道交通集团有限公司尹向红，浙江省工业设备安装集团有限公司余立成，中建一局北京公司秦兆文，国家建筑工程质量监督检验中心施工机具检测部王峰、郭玉增、陶阳、韦东、温雪兵、崔海波、刘垚，河北公安消防总队李保国，上海普英特高层设备股份有限公司兰阳春，住房和城乡建设部标准定额研究所雷丽英、姚涛、张惠锋、刘彬、郝江婷、赵霞、毕敏娜，北京擦窗机械科技有限公司董威、祝志锋、何明、李玉洁、李鹏、唐明明、刘东明、张理想、田春伟、李沿沿等，大连交通大学管理学院宋琰玉，大连城建设计研究院靖文飞，河南省建筑安全监督总站牛福增、陈子培、马志远，河南省建筑工程标准定额站朱军，北京建筑机械化研究院刘双、刘惠彬、李静、尹文静、刘研、马肖丽，河南省建筑科学研究院有限公司冯勇、岳伟保，北京城市副中心行政办公区工程建设办公室安全生产部曾勃，北京城建设计发展集团股份有限公司王晋霞，沈阳学龙机械有限公司郑学龙、高红顺，宁津县汇洋建筑设备有限公司冯晓鹏，天津建工集团安全部陈琨，河北省衡水市建设工程质量监督检测中心王敬一、王项乙，北华航天工业学院路梦瑶，山东德建集团胡兆文、李志勇、田长军、张宝华、唐志勃、张元刚、张廷山、桑长利、于静等，郑州大博金职业学校禹海军，南宁群健工程机械职业学校刘彬，重庆渝北区贵山职业学校邢锋，宝鸡东鼎工程机械职业学校师培义等。

本书编写过程中得到了中国建设教育协会刘杰、李平、王凤君、李奇、张晶、傅钰等专家领导的精心指导，得到了中国工程机械工业协会李守林副理事长、装修与高空机械分会王东红理事长及原秘书长霍玉兰、北京市建设工程安全质量监督总站魏吉祥站长、江苏省建工局王群依总工、浙江宝业建设集团葛兴杰总工、原烟台建筑施工安全监督站舒世平站长、安徽现代建筑安全研究院姚圣龙院长、原太原建筑施工安全监督站赵安全站长、宁波大学宁大工程监理公司管小军教授级高工等专家学者的支持和不吝赐教。本书作为高处作业吊篮岗位公益培训教材，所选场景、图片均属善意使用，编写团队对行业厂商品牌无倾向性。在此谨向以上专家和与编制组分享资料、图片和素材的机构人士一并致谢。

因水平有限，编写过程如有不足之处，欢迎广大读者提出意见和建议。

目　　录

第一章 岗 位 认 知

第一节 产 品 简 史

1980年，我国从比利时、日本和卢森堡等国家引进电动高处作业吊篮，用于上海、北京等地高层建筑施工。

1983年，中国建筑科学研究院建筑机械化研究所组建国内产学研用团队，突破多项行业共性关键技术，逐步开发出适合国情和市场需求的ZLD和ZLP系列电动吊篮，并向国内进行技术推广。

1986年，建设部组织中国建筑科学研究院建筑机械化研究所等行业单位编制形成了我国高处作业吊篮的建筑工业产品行业标准体系，先后编制了《高处作业吊篮安全规则》JG 5027、《高处作业机械安全规则》JG/T 5099、《高处作业吊篮用安全锁》JG 5034，《高处作业吊篮》JG/T 5032、《高处作业吊篮性能试验方法》JG/T 5025、《高处作业吊篮用提升机》JG/T 5033等，为高处作业吊篮产业发展与工程应用提供了标准支撑。

1998年，国务院机构改革调整建设部有关职能，将建设机械产品及行业管理转交中国机械工业联合会，实行行业自律管理。建设机械专业领域的标准化工作由中华人民共和国国家标准化管理委员会（以下简称国标委）和中华人民共和国工业和信息化部（以下简称工信部）领导。其中高处作业吊篮标准化工作对口SAC/TC 335全国升降工作平台标准化技术委员会，SAC/TC 335秘书处设在北京建筑机械化研究院。

2003年以来，在国标委、工信部、国务院建设行政主管部门等领导下，中国建筑科学研究院建筑机械化研究分院等单位编制了《高处作业吊篮》GB 19155—2003、《高处作业吊篮》GB/T 19155—2017、《高处作业吊篮安装、拆卸、使用技术规程》JB/T 11699—2013，《擦窗机》GB/T 19154—2017、《擦窗机安装工程质量验收标准》JGJ/T 150—2018、《高处作业机械安全规则》（在编），原冶金部钢丝绳生产企业还制订了行业标准《高处作业吊篮用钢丝绳》YB/T 4575—2016等，为高空作业吊篮产品提供了配套支持，逐步形成了我国吊篮产品设计、安装拆卸、使用维护在内的较为完善的标准体系。

高处作业吊篮产品历经40年的技术转移和产业培育，在无锡、沈阳、京津冀、环渤海等区域形成了我国高处作业吊篮特色产业集群，规模制造企业已达百余家。目前我国不仅是吊篮生产大国，也是吊篮应用大国，更是吊篮的出口大国。我国推行装配式建筑和建筑工业化，使无脚手架安装作业工法日益兴起，高处作业吊篮已经在高层建筑外立面装饰施工环节基本淘汰了传统脚手架工艺，吊篮产品应用空间和产业前景将更加广阔。

第二节 发 展 趋 势

目前吊篮在产品档次和技术水平上表现出不平衡的两极化发展趋势，表现如下：

（1）行业龙头骨干企业的优势产品占据国内中高端市场，在产品设计、品种规格、传动装置、安全部件、执行标准、制造品质等方面保障体系较为健全，出口势头强劲。

（2）国内中小规模吊篮企业，一般以中低档产品为主，目前仍有一定的市场生存空间。中低档吊篮以自制悬吊平台、钢架、购置或定制提升机后进行整机组装的业务模式为基本特征。中小规模吊篮企业以价格低廉为卖点，将自身吊篮产品定位满足市场底层用户、个体租赁者的初次购买需求，在中西部欠发达地区仍有一定的市场空间。

（3）吊篮产品向大型化和小型化并行发展，免漆环保制造技术需求日益明显。

受污染控制和环保法规等因素的制约，行业领军企业已率先在免漆作业和组合设计上持续加大创新力度，研制出了铝合金悬吊平台、轻巧型提升机、安全锁、悬挂机构等新型专利产品；产品向大型化和小型化并行发展，通过优化设计，延长了提升机和钢丝绳使用寿命，开发了吊篮专用特种钢丝绳、异型化及模块化的篮体、多样化及轻便化的悬吊支承结构，在产品安全装置和安全技术方面，产品安全控制和防护功能更加丰富完善。

（4）我国吊篮企业在品质管控、研发投入、人才培养、创新设计等方面的综合竞争优势正逐步积累并日益显现。

近年来，我国吊篮行业高新技术企业数量迅速增加，企业国际市场竞争意识进一步提高。在吊篮产业国际分工合作中，国内龙头企业注意学习和借鉴吸收西方国家先进的产品制造工艺和企业管理体系，持续提升国内吊篮产品服务管理水平，多家企业的产品获 CE及其他国际品质认证，使吊篮产业形成了稳定的出口协作体系。

行业企业更加重视知识产权，普遍加大研发投入，在传动系统、节能、模块化与轻便化设计制造、优化驱动和摩擦传动装置等领域的国际专利维权中屡屡胜诉，使我国优质吊篮产品在节能、安全、经济等方面获得了较强的国际竞争优势。

第三节　从　业　要　求

一、岗位能力

岗位能力主要是指针对某一行业某一工作职位提出的在职实际操作能力。

岗位能力培训旨在针对新知识、新技术、新技能、新法规等内容开展培训，提升从业者岗位技能，增强就业能力，探索职业培训的新方法和途径，提高我国职业培训技术水平，促进就业。

国家实行先培训后上岗的就业制度，根据最新的住房和城乡建设部建筑工人培训管理办法，工人可由用人单位根据岗位设置自行实施培训，也可以委托第三方专业机构实施培训服务，用人单位和培训机构是建筑工人培训的责任主体，鼓励社会组织根据用户需要提供有价值的社团服务。

吊篮设备业主和使用操作、维护管理、租赁服务等岗位人员可通过吊篮制造厂或服务商，接受客户培训、专业技术培训、安全知识培训，获得设备使用维护和操作专业知识和必要的技能。

在市场化培训服务模式下，学员可在住房和城乡建设部主管的中国建设教育协会建设机械职业教育专业委员会的会员定点培训机构（具有吊篮操作专业技术培训服务能力的企事业单位）自愿报名注册参加培训学习，考核通过后取得岗位培训合格证书（含作业操作证）；该培训学习过程由培训服务市场主体基于市场化规则开展，培训合格证书由相关市场主体自愿约定采用。该证书是学员专业培训后具备岗位知识能力的证明，是工伤事故及安全事故裁定中证明自身接受过系统培训、具备岗位知识和基础能力的辅证；同时也证明自己接受过专业培训，基本岗位能力符合建设机械国家及行业标准、产品标准和施工标准对操作者的基本要求。

学员发生事故后，调查机构可能追溯学员培训记录，社保机构也将学员岗位知识能力是否合格作为理赔要件之一。中国建设教育协会建设机械职业教育专业委员会作为行业自律服务的第三方，将根据有关程序向有关机构出具学员培训记录和档案情况，作为事故处理和保险理赔的第三方辅助证明材料。因此学员档案的生成、记录的真实性、档案的长期保管显得较为重要。学员进入社会从业后，在聘用单位还须自觉接受安全法规、技术标准、设备工法及应急事故自我保护等方面最新内容的日常学习，完成知识更新。

国家鼓励劳动者在自愿参加职业技能考核或鉴定后，获得职业技能证书。学员参加基础培训考核，获取建设类建设机械施工作业岗位培训证明，即可具备基础知识能力；具备一定工作经验后，还可通过第三方技能鉴定机构或水平评价服务机构参加技能评定，获得相关岗位职业技能证书。

二、从业准入

所谓从业准入，是指根据法律法规有关规定，从事涉及国家财产、人民生命安全等特种职业和工种的劳动者，须经过安全培训取得特种从业资格证书后，方可上岗。

对属于特种设备和特种作业的岗位机种，学员应在岗位基础知识能力培训合格后，自觉接受政府和用人单位组织的安全教育培训，考取政府的特种从业资格证书。

注意：

（1）目前高处作业吊篮未列入特种设备目录，但高处作业吊篮设备的安装拆卸作业属于住建部特种作业工种，高处作业吊篮安装拆卸人员在专业技术培训合格基础上，应考取当地住建部门、安监部门的特种作业操作资格证，满足法规对特种作业的从业准入要求，安拆人员在施工现场，经现场安全交底和主管授权后方可实施作业。

（2）目前，高处作业吊篮设备的操作岗位不属于住建部特种作业工种。高处作业吊篮设备操作人员应经过设备服务专业机构、施工单位、用人单位或第三方服务机构等实施专业技术培训合格，由用人单位考核录用，在施工现场熟悉作业方案和作业环境，接受安全技术交底，遵守驻地高空作业方面的监管政策、设备操作规程和设备制造企业的安全告知，经现场主管方授权后，方可入场作业和上机操作。

三、知识更新与终身学习

终身学习指社会每个成员为适应社会发展和实现个体发展的需要，贯穿于人的一生的持续的学习过程。终身学习促进职业发展，使职业生涯的可持续性发展、个性化发展、全面发展成为可能。终身学习是一个连续不断的发展过程，只有通过不间断的学习，做好充分的准备，才能从容应对职业生涯中所遇到的各种挑战。

建设机械相关法规、施工作业工法、标准规范的修订周期一般为3～5年，而产品型号技术升级则更频繁，因此，建设行业的施工安全监管部门、行业组织均对施工作业人员提出了日常学习和接受继续教育的要求，目的是为了保证操作者及时掌握最新知识、标准规范、有关法律法规的变动情况，保持作业者安全素质和岗位能力。

施工机械设备的操作者应自觉保持终身学习和知识更新、在岗日常学习等，以便及时了解岗位知识的最新内容，熟悉安全生产要求和作业安全须知事项，才能有效防范和避免安全事故。

终身学习提倡尊重每个职工的个性和独立选择，每个职工在其职业生涯中随时可以选择最适合自己的学习形式，以便通过自主自发的学习在最大和最真实程度上使职工的个性得到最好的发展。兼顾技术能力升级学习的同时，也要注意职工在文化素质、职业技能、社会意识、职业道德、心理素质等方面的全面发展，采用多样的组织形式，利用一切教育学习资源，为企业职工提供连续不断地学习服务，使所有企业职工都能平等获得学习和全面发展的机会。

第四节　职　业　道　德

职业道德是指所有从业人员在职业活动中应该遵循的行为准则，是一定职业范围内的特殊道德要求，即整个社会对从业人员的职业观念、职业态度、职业技能、职业纪律和职业作风等方面的行为标准和要求。属于自律范围，它通过公约、守则等对职业生活中的某些方面加以规范。

《建筑业从业人员职业道德规范（试行）》，对吊篮在内的施工操作人员要求如下。

一、建筑从业人员共同职业道德规范

1. 热爱事业，尽职尽责

热爱建筑事业，安心本职工作，树立职业责任感和荣誉感，发扬主人翁精神，尽职尽责，在生产中不怕苦，勤勤恳恳，努力完成任务。

2. 努力学习，苦练硬功

努力学文化、学知识，刻苦钻研技术，熟练掌握本工种的基本技能，练就一身过硬本领。努力学习和运用先进的施工方法，钻研建筑新技术、新工艺、新材料。

3. 精心施工，确保质量

树立"百年大计、质量第一"的思想，按设计图纸和技术规范精心操作，确保工程质量，用优良的成绩树立建筑安装工人形象。

4. 安全生产，文明施工

树立安全生产意识，严格按照安全操作规程，杜绝一切违章作业现象，确保安全生产无事故。维护施工现场整洁，在争创安全文明标准化现场管理中作出贡献。

5. 节约材料，降低成本

发扬勤俭节约优良传统，合理使用材料，认真做好落手清、现场清，及时回收材料，努力降低工程成本。

6. 遵章守纪，维护公德

要争做文明员工，模范遵守各项规章制度，发扬团结互助精神，尽力为其他工种提供方便。

提倡尊师爱徒，发扬劳动者的主人翁精神，处处维护国家利益和集体利益，服从上级领导和有关部门的管理。

二、中小型机械操作工职业道德规范包括

（1）集中精力，精心操作，密切配合其他工种施工，确保工程质量和工期。

（2）坚持"生产必须安全，安全为了生产"的意识，安全装置不完善的机械不使用，有故障的机械不使用，不私接、乱拉电线。爱护机械设备，做好维护保养工作。

（3）文明操作机械，防止损坏他人和国家财产，避免机械噪声扰民。

第二章 设 备 认 知

第一节 术语和规格参数

高处作业吊篮因其安装方便，作业效率高，占地面积小，配有工作钢丝绳、安全钢丝绳和多重安全防护系统，在外立面施工维护作业的多种工况环境，基本替代了传统脚手架，成为无脚手架安装作业和建筑机械租赁市场量大面广的骨干施工机械。

目前，吊篮主要用于高层及多层建筑物的外墙施工及装饰和装修工程。例如：抹灰浆、贴面、安装幕墙、粉刷涂料、油漆以及清洗、维修等，也可用于大型罐体、桥梁和大坝等工程作业。吊篮主要安装作业场合，如图 2-1 所示。

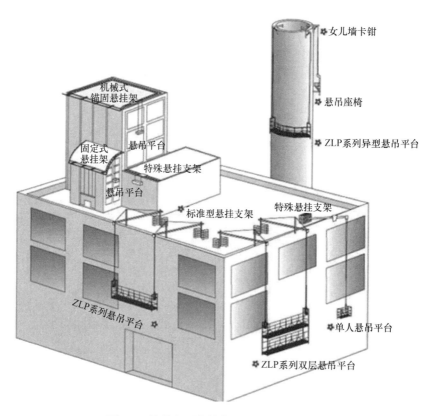

图 2-1 吊篮主要安装作业场合示意图

一、产品分类

按吊篮结构层数，一般可分为单层、双层和三层。

按驱动方式，一般可分为有手动、气动和电动三种。

按提升形式，可分为卷扬式和爬升式，一般采用爬升式。

高处作业吊篮在动力驱动方式上，以采用手动（脚踏）、电动两种驱动方式较为常见。双悬挂电动吊篮、手动吊篮、电动双层吊篮、电动单人吊椅，如图 2-2 所示。

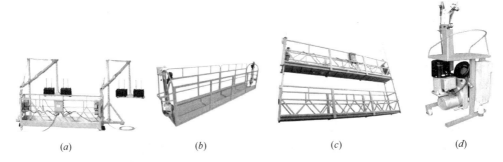

图 2-2 高处作业吊篮主要型式（电动、手动）
(*a*) 双悬挂电动吊篮；(*b*) 手动吊篮；(*c*) 电动双层吊篮；(*d*) 电动单人吊椅

本书以市场用量较大的 ZLP 系列双悬挂电动爬升式高处作业吊篮为例进行介绍。

二、常用术语

1. 高处作业吊篮（简称：吊篮）

悬挂装置架设于建筑物或构筑物上，起升机构通过钢丝绳驱动平台沿立面上下运行的一种非常设悬挂接近设备。吊篮按其安装方式也可称为非常设悬挂接近设备。吊篮通常由悬挂平台和工作前在现场组装的悬挂装置组成。在工作完成后，吊篮被拆卸从现场撤离，并可在其他地方重新安装和使用。

2. 合格人员

经过培训，具有合格知识和实践经验，接受过必要的指导，有能力并安全地完成所需工作的指定人员。

3. 操作者（也称：操作人员、作业人员）

操作者指经过高空作业培训，具有合格知识和实践经验，接受过必要的指导，有能力安全操作吊篮的指定人员。

4. 工作钢丝绳（也称：悬挂钢丝绳、主钢丝绳）

承担悬挂载荷的钢丝绳。

5. 安全钢丝绳（也称：后备钢丝绳）

通常不承担悬挂载荷，装有防坠落装置的钢丝绳。

6. 安全大绳（也称：生命绳、保险绳）

悬挂在建筑结构上并与安全带和自锁器配套使用，防止人员坠落的防护绳具。

7. 加强钢丝绳（也称：预紧钢丝绳、预紧绳）

穿绕于悬挂支架横梁两端与上支柱的顶端，张紧并保持整个悬挂装置稳定状态的拉纤钢丝绳。

8. 悬挂点

在悬挂装置上，用于独立固定钢丝绳、导向滑轮或起升机构的设定位置。

9. 支点

计算悬挂装置平衡力矩的点或线。

10. 悬挂平台

通过钢丝绳悬挂于空中，四周装有护栏，用于搭载操作者、工具和材料的工作装置（简称平台或 TSP）。

11. 悬挂装置

作为吊篮的一部分，用于悬挂平台的装置（不包括轨道系统）

12. 爬升式起升机构（也称：提升机）

是一种爬升式起升机构，依靠钢丝绳和驱动绳轮间的摩擦力驱动钢丝绳使平台上下运行的机构，钢丝绳尾端无作用力。

13. 防坠落装置（也称：安全锁）

直接作用于安全钢丝绳上，可自动停止和保持平台位置的装置。

14. 标准悬挂支架

按标准图样定制的、依靠配重平衡倾覆力矩的通用悬挂机构。

15. 特殊悬挂支架

除标准悬挂支架外的其他悬挂机构。

16. 机械式锚固悬挂架

锚固在建筑结构上的机械式特殊悬挂支架。

17. 固定悬挂架

固定在建筑结构上的特殊悬挂支架。

18. 墙钳支架（或女儿墙卡钳）

夹持在女儿墙或其他类似静止结构上，用于保持悬挂装置稳定性的特殊悬挂支架。

19. 自锁器

与安全带和安全绳配套使用，防止人员坠落的单向自动锁紧的防护用具。

20. 配重

附加在悬挂机构上用以平衡倾覆力矩的重物。

21. 绳坠（重锤、绳坠铁）

安装于安全钢丝绳下端，用以保持钢丝绳悬垂状态的坠铁或成型坠块。

22. 悬挂载荷

施加在悬挂装置悬挂点的静载荷，由平台的额定载重量和平台、附属设备、钢丝绳和电缆的自重等组成。

23. 额定载重量

有制造商设计的平台能够承受的由操作者、工具和物料组成的最大工作载荷。

24. 作业高度

凭他作业的最高点与自然地平面的垂直距离。

25. 自然地平面

确定平台作业高度或约束系统的基准平台。

26. 防撞杆

平台向下（或向上）运行，碰到障碍物时，能自动切断向下（或向上）运行动力的装置。

27. 约束系统

将平台与建筑物竖向导轨或建筑物锚固约束点连接的系统，以限制平台在风力作用下的横向和纵向摆动。

28. 物料（辅助）起升机构

独立于平台，安装在悬挂装置上用于起升和下降物料的机构。

29. 配重悬挂支架（也称：悬挂架、悬挂梁、配重箱插杆）

由配重保证设备稳定性的静止悬挂支架。

30. 限位装置

限制运动部件或装置超过预设极限位置的装置。

三、规格参数

1. 主要规格

吊篮型号由类、组、型、特性代号，主参数代号，悬吊平台结构层数和更新变型代号组成，如图 2-3 所示。

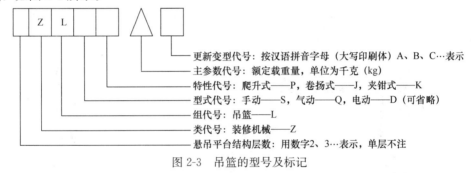

更新变型代号：按汉语拼音字母（大写印刷体）A、B、C…表示
主参数代号：额定载重量，单位为千克（kg）
特性代号：爬升式——P，卷扬式——J，夹钳式——K
型式代号：手动——S，气动——Q，电动——D（可省略）
组代号：吊篮——L
类代号：装修机械——Z
悬吊平台结构层数：用数字2、3…表示，单层不注

图 2-3 吊篮的型号及标记

国内市场常见的高处作业吊篮性能参数，见表 2-1、表 2-2。

高处作业吊篮的主要性能参数　　　　表 2-1

名称	单位	规格系数
额定载重量	kg	120、150、200、250、300、350、400、500、630、800、1000、1250、1500、2000、3000

2. 主要参数

目前国内市场上，吊篮产品以 ZLP300、ZLP630、ZLP800 保有量最多，市场常用型号吊篮的性能参数，见表 2-2。

市场常用型号吊篮性能参数（示例）（不同厂家可能有所差异）　　　　表 2-2

参　数		ZLP300	ZLP630	ZLP800
额定载重量		300kg	630kg	800kg
升降速度		6m/min	9～11m/min	9～11m/min
悬吊平台尺寸		6m	6m	7.5m
钢丝绳直径		8mm	8.3mm	8.3mm
电机功率		0.5kW×2	1.5kW×2	2.2kW×2
安全锁	锁绳速度（离心式）	30m/min	—	—
	锁绳角度（摆臂式）	—	＜14°	＜14°

3. 产品标志

《高处作业吊篮》GB/T 19155—2017 规定：吊篮整机和部件应具备规定的标志标识。该规定是针对现场实现分类管理、避免零部件混用混装、建立设备档案，一机一档管理、安全操作风险提示等问题做的对应要求。

固定式金属铭牌标牌标志，如品牌、型号、参数、厂家信息等，主要设置于整机、提升机、悬吊平台、安全锁、悬挂装置、电控箱上。

设备警示提示类标志，如操作规程、区域警示、作业警示等，张贴或喷涂于悬吊平台、悬挂装置、电控箱或作业区域的醒目处。

施工作业现场常见标志标识见附录1。

第二节　组成与原理

吊篮主要由悬吊平台、悬挂机构、提升机、限位装置、安全锁、钢丝绳、电气控制系统、靠墙轮、配重块、绳坠铁、下限位装置等组成，如图 2-4 所示。

注意：《高处作业吊篮》GB/T 19155—2017 规定吊篮宜根据施工工况的需要安装下限位装置。

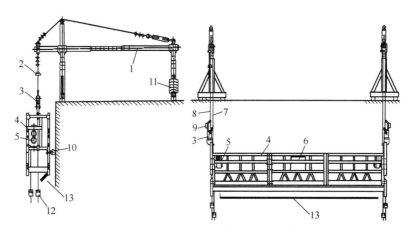

图 2-4　高处作业吊篮的主要组成

1—悬挂机构；2—撞顶止挡板限位；3—安全锁；4—悬吊平台；5—提升机；6—电气控制系统；
7—工作钢丝绳；8—安全钢丝绳；9—撞顶限位开关（也称上行限位开关、上限位挡铁）；10—靠墙轮；
11—配重块；12—绳坠铁（也称重锤）；13—下限位装置（选配）

吊篮主要组成部件简介：

一、悬吊平台

悬吊平台是用来承载作业人员、工具、物料等进行高处作业的悬挂式封闭框形装置。根据施工需要，悬吊平台可被设计制作成分多种形式，如图 2-5 所示。

悬吊平台一般由 2～3 个基本节组成，每个基本节由前、后篮片和底座组成。平台两端设有供安装固定提升机及安全锁的两个专用固定支座架，通过螺栓与基本节联接组成一个封闭框架平台。一般情况下，每个基本节的长度为 2m，四周篮片高度不低于 1.0m，可

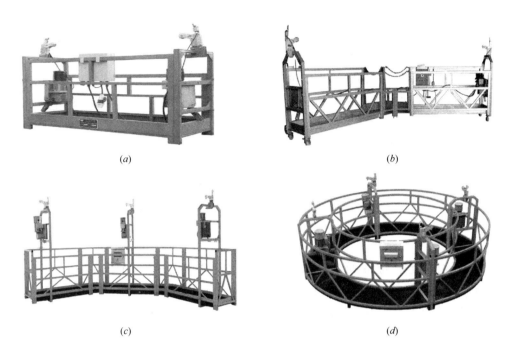

图 2-5 高处作业吊篮的悬吊平台

（a）矩形平台；（b）转角平台；（c）双拐角平台；（d）圆形平台

按产品说明书和施工需要灵活拼装成长度 2、4m 的平台，如图 2-6 所示。

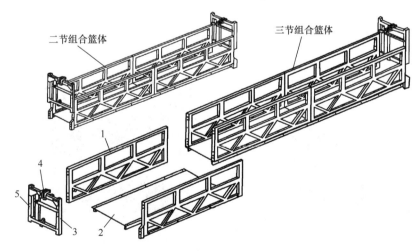

图 2-6 悬吊平台构造

1—栏杆；2—底板；3—侧栏杆；4—安全锁固定座；5—提升机固定座

注意：

原《高处作业吊篮》GB 19155—2003 对平台前篮片（靠墙作业侧）高度要求为不低于 0.8m，后篮片不低于 1.1m。结合《建筑施工高处作业安全技术规范》JGJ 80—2016 对作业防护的有关安全要求，《高处作业吊篮》GB/T 19155—2017 对平台四周篮片高度要求修改为不低于 1.0m，因此，原执行《高处作业吊篮》GB 19155—2003 标准的既有存量吊篮产品应在吊篮原生产企业指导下改造达标后，委托有资质的检验检测机构出具检验报告后，方可使用于工程现场。

既有吊篮产品一般存在磨损、锈蚀、装置老化等状况，对未通过《高处作业吊篮》GB/T 19155—2017"平台静载、悬挂装置静载及其他功能测试项目"的，应报废，且不得降级使用。

降级使用是指吊篮在合格安全状态下，可工作在额定载荷以下的参数范围内。降级使用的前提是吊篮仍然安全、合格、达标。

严禁将不合格的高载荷能力吊篮在低载荷工况下当作合格的低载荷能力吊篮使用，例如：将不达标的 ZLP800 型吊篮误认为合格的 ZLP630 型吊篮用于施工现场。

二、悬挂机构

悬挂机构是架设于建筑物支撑处（不一定是建筑物屋顶），通过钢丝绳来承受工作平台、额定载荷等重量的钢结构及其装置的总称。根据施工需要，悬挂机构可设计成多种结构型式，较为常见的为带配重的杠杆式悬挂机构，如图 2-7（a）所示。

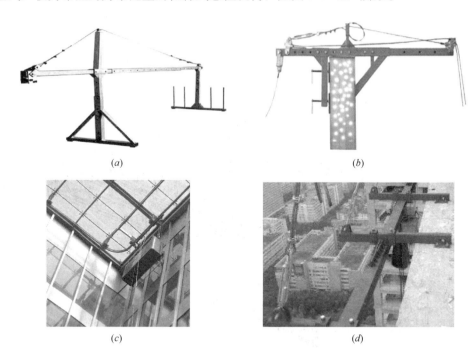

(a)　　　　　　　　　　　　　　　(b)

(c)　　　　　　　　　　　　　　　(d)

图 2-7　悬挂机构主要结构形式

（a）带配重架的杠杆式悬挂机构；（b）女儿墙卡钳；（c）静止悬挂支架；（d）机械锚固式悬挂支架

特殊施工场合下，经业主代表或建筑结构工程师现场确认，吊篮制造厂可设计依托于建筑物并满足特殊需要的悬挂机构，由吊篮厂定制特殊型悬挂支架，如：女儿墙卡钳（也称：骑墙钳架）、采用预埋钢制连接件或膨胀螺栓安装的机械锚固式悬挂支架、事先设计安装后不再拆除的静止悬挂支架等结构形式。如图 2-7（b）、图 2-7（c）、图 2-7（d）所示。

（一）工作原理

1. 依托建筑物的悬挂机构

该类悬挂机构由吊篮厂定制特殊型悬挂支架（女儿墙卡钳等），其载荷由女儿墙或檐口、外墙面承担，女儿墙卡钳的稳定系数应≥3。

使用女儿墙卡钳时按吊篮厂设计要求装配，确认受力女儿墙、檐口等处建筑墙体结构能安全承受吊篮系统所有载荷，紧固所有辅助安全部件，张紧固定钢索或加强钢丝绳等。

为保证稳定系数≥3，一般采用增设锚栓、地锚固、加强钢丝绳拉结等技术措施以保障安全稳定。如图2-8所示。

图2-8 女儿墙卡钳增设锚固安全措施

2. 传统的杠杆式悬挂机构

此类型悬挂机构采用杠杆工作原理，由后部配重来平衡悬吊部分的工作载荷。系统的抗倾覆系数 K 等于配重力矩值除以倾覆力矩值。《高处作业吊篮》GB/T 19155—2017 标准规定吊篮悬挂系统的抗倾覆系数 K 不得小于3，计算模型简图，如图2-9所示。抗倾覆系数采用下式计算。

$$K = \frac{G \times b}{F \times a} \geq 3 \qquad (2-1)$$

式中　K——抗倾覆系数；

　　　F——悬吊平台、提升机、电气系统、钢丝绳、额定荷载等质量的总和，kg；

　　　G——配置的配重质量，kg；

　　　a——承重工作钢丝绳受力中心线到支点间的水平距离，m；

　　　b——配重中心线到支点间的水平距离，m。

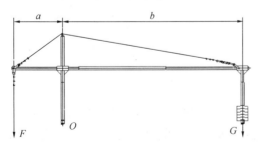

图2-9 高处作业吊篮悬挂机构
安装安全系数计算模型

注意：

因建筑外形和立面颇为复杂多样，悬挂机构可根据施工需要定制，工程实践中务必仔细阅读并理解吊篮制造厂设备手册，以确保悬挂机构按制造厂要求实施安装。

现场不满足吊篮厂规定安装条件时，建筑业主应与吊篮厂工程师协商，由业主采取可靠措施，达到吊篮说明书或专项安装方案规定安装条件并验收通过后，方可移交给安装工序，实施安装。也可委托吊篮企业针对现场该工况条件定制特殊支架及配套部件，在其产品说明书指导下完成吊篮整机的安装。

（二）杠杆式悬挂机构的构造

杠杆式悬挂机构的主梁由前梁、中梁、后梁组成，前、后梁插接于中梁内，通过调节前伸缩支架插杆高度来改变前后梁的工作高度，调节高度一般为1.15～1.75m。前梁、后梁均可伸缩，使结构具有不同悬伸长度，以适应屋顶作业平面狭窄、操作空间受限等问题。前后支架下装有脚轮，便于实现整体悬挂机构的横向移位。悬挂机构后支架下部箱型底架用于堆放配重，箱型底架设有4个立柱供配重块沿中心孔穿入码放固定。底架结构安装完成后，张紧整个横梁上的加强钢丝绳，以增强主梁承载力，改善悬挂系统的整体受力状态。杠杆式悬挂机构的结构构造，如图2-10所示。

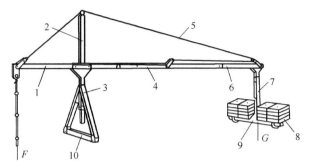

图2-10　杠杆式悬挂机构结构构造

1—前梁；2—上支架；3—前伸缩支架（可调插杆）；4—中梁；5—加强钢丝绳；6—后梁；7—后伸缩支架；8—配重铁；9—后支梁（包括箱型底架）；10—前支架

三、提升机

（一）作用与分类

悬吊平台两端设有提升机安装架，提升机一般成对（双吊点形式的吊篮）装于其上。提升机是驱动悬吊平台上、下运行的动力装置。吊篮的动力装置一般采用爬升式提升机，如图2-11所示。

图2-11　爬升式提升机示例

爬升式提升机利用绳轮与工作钢丝绳之间产生的摩擦力作为吊篮爬升动力，工作时钢丝绳静止不动，提升机的绳轮在钢丝绳上爬行，从而带动吊篮整体提升。爬升式提升机由电器盒、电机电缆、控制电缆、手轮、滑降手柄、电动机以及机体、绳轮（或卷筒）和压绳机构等组成，如图2-12所示。

减速系统有蜗杆蜗轮式、多级齿轮式和行星齿轮式。其中以蜗杆蜗轮式应用较多。

压绳机构可分为双轮绕绳式、链条式和压盘式等。双轮绕绳式又分为直绕式（"α"式）和S弯绕式（"S"式）。

"α"式卷绳：提升力小，主要用于中、低载荷吊篮的升降驱动。

"S"式卷绳：提升力大，主要用于大载荷吊篮的升降驱动。

辅助制动器采用"载荷自制式制动器"，其特点是制动力矩随载荷大小相应变化，载荷越大则制动力矩也越大。由载荷产生制动力矩是吊篮起升机构最安全的制动方法。

载荷自制式制动器的作用是提升机电机停止后，自动制止带载动作，使悬吊平台停止在工作位置；而电机转动则可打开制动，当电机反转时悬吊平台自重使之以控制的方式下降。在停电情况下也可以手动释放打开制动，使悬吊平台下降至安全地点。

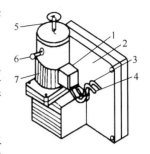

图 2-12 爬升式提升机

1—电气盒；2—机体；3—电机电缆；4—控制电缆；5—手轮；6—滑降手柄；7—电动机

（二）安全要求

（1）提升机绳轮直径 D 与钢丝绳直径 d 之比不小于 20。

（2）提升机须设有制动器，制定力矩应大于额定提升力矩的 1.5 倍，制动器必须设有手动释放装置，动作应灵敏可靠。

（3）提升机与悬吊平台应可靠连接，连接强度应符合吊篮产品设计规定。

（4）提升机传动系统在绳轮之前禁止采用离合器和摩擦传动。

（5）手动提升机应设有闭锁装置。

（6）手动提升机施加于手柄端的操作力不应大于 250N。

（三）工作原理

爬升式提升机原理可按图 2-13 的情形解释，铅笔上缠绕线绳，线绳具有一定张紧力。铅笔和线绳间有足够的摩擦力时，转动铅笔，铅笔就可沿绳子上升。下面用力学公式进一步加以分析，如图 2-13 所示。

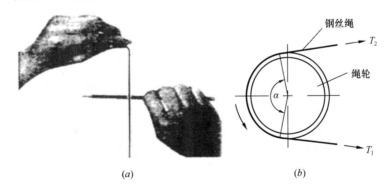

图 2-13 爬升式提升机力学原理分析图

假设钢丝绳为绝对柔软的不伸长的挠性体，围绕绳轮有一定的包角 α，并在一端施以一定的初拉力 T_1，使钢丝绳张紧。当绳轮如图方向旋转时，便会在另一端产生一个放大了的拉力 T_1，当 T_2 足够大时，绳轮与钢丝绳之间产生的摩擦力足以使绳轮上、下运动。当提升时，悬吊平台向上升起，实现吊篮提升运行。

用公式表达，即为 $T_2 = T_1 e^{f\alpha}$。 (2-2)

式中　e——为自然对数的底，其值为 2.718；

　　　　f——为钢丝绳与绳轮间的当量摩擦系数；

　　　　α——为钢丝绳在绳轮上的包角，T_1 为初始拉力；

　　T_2——为最终提升拉力。

从以上分析可以看出，要保证有足够的提升拉力 T_2，必须要有足够大的当量摩擦系数 f，包角 α 以及初拉力 T_1。

爬升式提升机可按缠绕方式不同分为"α"式绕法和"S"式绕法两种主要型式。"α"式绕法与"S"式绕法的根本区别有两点：

（1）钢丝绳在提升机内运行的轨迹不同；

（2）钢丝绳在提升机内的受力不同，"α"式绕法的钢丝绳只向一侧弯曲，"S"式绕法的钢丝绳向两侧弯曲，承受交变载荷。"α"式和"S"式绕法，如图 2-14 所示。

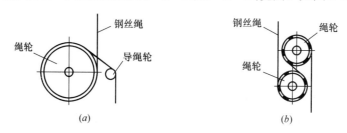

图 2-14　"α"式绕法和"S"式绕法

（a）"α"式绕法；（b）"S"式绕法

1. "S"式绕绳提升机

"S"式绕绳提升机（简称："S"提升机），如图 2-15（a）所示。

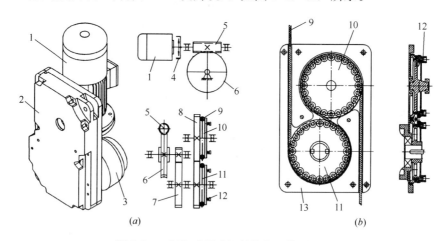

图 2-15　"S"式提升机结构与工作原理图

（a）"S"式提升机外形结构与传动原理图；（b）"S"式绕绳机构图

1—制动电机；2—绕绳机构；3—减速机构；4—限速器；5—蜗杆；6—蜗轮；7—一级齿轮减速机构；
8—主动绕绳轮；9—工作钢丝绳；10—钢丝绳压盘；11—从动绕绳轮；12—压簧；13—壳体

提升机主要由制动电机 1、限速器 4、蜗轮 6、蜗杆 5、一级齿轮减速机构 7、主动绳轮 8、从动绳轮 11、压盘 10 和压簧 12 等组成。限速器 4 为离心式离合器结构，当电机速度达到额定转速时，离心块被甩开，并接合离合器将动力传给蜗杆5，通过蜗轮减速再经过一级齿轮减速7，带动主动绳轮8，主动绳轮8的齿轮与从动绕绳轮11的齿轮啮合，带动绳轮转动。

"S"式绕绳机构，如图2-16（b）所示。钢丝绳进入提升机后，先由下部经过一绳轮，边绕边被压紧，随后绕过上部绳轮，边绕边放松压紧程度，最后经过绳口吐出，钢丝绳在机内呈"S"形状。在上下两绳轮上均设有压盘10，通过压紧弹簧的作用将钢丝绳压紧在上下绳轮的绳槽内，以此获得提升的动力。

提升机的减速系统由蜗杆、蜗轮一级减速再加齿轮轴、大齿轮轴一级减速构成，传动平稳且减速比大，可以自锁，但传动效率较低。在电机的输入端设有一限速器，当电机严重损坏或手动释放制动导致悬吊平台下降过快时，限速器的飞锤由于离心力的作用向外张开，与制动毂的内壁产生摩擦消耗能量，从而限制悬吊平台下降的速度，保证人员的安全。该机采用电磁制动电机，在电磁制动器上设有下滑手柄，以备停电状态下使用。

2. "α"式绕绳的提升机

"α"式绕绳提升机（简称："α"提升机）的外形结构，如图2-16（a）所示。提升机内部结构如图2-16（b）所示。主要由制动电机1、减速器2和绕绳机构3等组成。减速器由蜗杆8、蜗轮10和一级齿轮减速机构12组成。通过蜗杆8、蜗轮10与一级齿轮减速

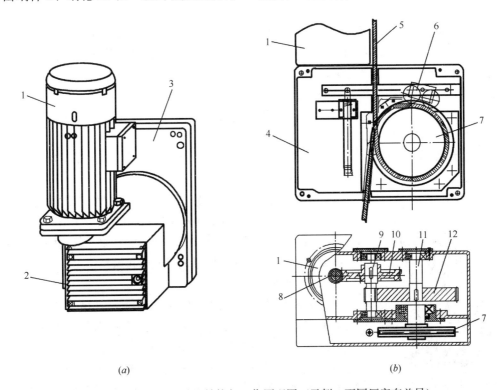

(a)　　　　　　　　　　　　　　　　(b)

图2-16　"α"式提升机结构与工作原理图（示例，不同厂家有差异）

（a）"α"式提升机外形结构图；（b）"α"式提升机结构图

1—制动电机；2—减速机构；3—绕绳机构；4—壳体；5—工作钢丝绳；6—压绳轮；7—绕绳轮；
8—蜗杆；9—齿轮轴；10—蜗轮；11—输出轴；12——级齿轮减速机构

机构 12 驱动绕绳轮 7 转动的，钢丝绳从上方入绳口穿入后，进入绕绳轮 7 和压绳轮 6，绕行近一周，最后排出提升机，压绳轮 6 将工作钢丝绳 5 紧压在绕绳轮 7 的槽内，使钢丝绳与绕绳轮之间产生足够的摩擦力。绕绳轮转动时，带动吊篮沿钢丝绳上下爬行。钢丝绳在机内呈"α"形状绕绳，故命名为"α"式提升机。

四、安全锁

（一）分类与要求

常见的吊篮安全锁分两种：离心限速式和摆臂防倾式。具体结构和实物，如图 2-17 所示。

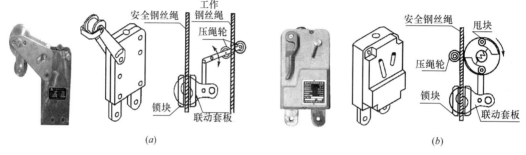

图 2-17　安全锁具体结构和实物图
（a）摆臂防倾式；（b）离心限速式

《高处作业吊篮》GB/T 19155—2017 要求如下：悬吊平台内安装提升机时，防坠落装置（安全锁）应能自动限制平台纵向倾斜角度不大于 14°。此装置为独立作用装置，不需要向控制系统有关安全部件输出电信号。安全锁在锁绳状态下应不能自动复位。安全锁必须在有效标定期限内使用，有效标定期限不大于 12 个月。

1. 对离心限速式安全锁，达到安全锁锁绳速度时，悬吊平台处于工作状态，上下运动方向的制停距离一般≤200mm。

《高处作业吊篮》GB/T 19155—2017 对离心式安全锁要求：锁绳距离≤500mm；锁绳角度 ≤ 14°。

2. 对摆臂防倾式安全锁，悬吊平台工作时纵向倾斜角度不大于 8°时，能自动锁住并停止运行。

《高处作业吊篮》GB/T 19155—2017 对摆臂式安全锁要求：锁绳角度≤14°（特指纵向倾斜角度）。

（二）原理组成

安全锁由锁绳机构和触发机构组成，是吊篮最重要的安全保护装置。当发生提升机构钢丝绳突然切断或发生故障产生超速下滑等意外风险时，安全锁迅速动作，瞬时将悬吊平台锁止在安全钢丝绳上。安全锁限位触头与安全钢丝绳上端限位装置（上限位挡铁）碰撞后会触发锁绳动作，如图 2-18 所示。

图 2-18　安全锁限位触头与安全钢丝绳上端限位装置（上限位挡铁）碰撞后触发锁绳动作

离心限速式和摆臂防倾式安全锁工作原理，如图 2-19、图 2-20 所示。

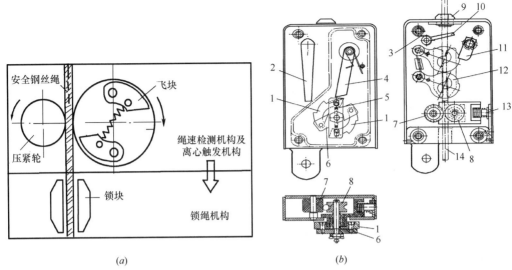

图 2-19　离心限速式安全锁结构原理

(a) 工作原理图；(b) 结构示意图

1—飞块；2—手柄；3—S形弹簧；4—拨杆；5—拉簧；6—旋转压板；7—滑轮；8—压紧滑轮；9—导向套；
10—压杆；11—叉形凸轮；12—锁块；13—弹簧；14—安全钢丝绳（后备钢丝绳）

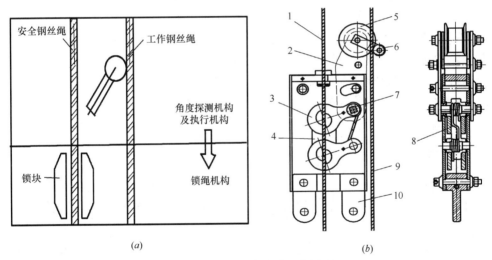

图 2-20　防倾式安全锁工作原理

(a) 工作原理图；(b) 结构示意图

1—安全钢丝绳（后备钢丝绳）；2—摆臂；3—锁块；4—绳夹板；5—滚轮；6—防脱绳轮；7—轴；
8—扭力弹簧；9—工作钢丝绳；10—固定耳板

1. 离心限速式安全锁的工作原理

（1）结构组成

离心限速式安全锁的结构主要由飞块1、拨杆4、拉簧5、旋转压板6、滑轮7、压紧滑轮8、压杆10、叉形凸轮11和锁块12等组成，如图2-19所示。

（2）工作原理

离心限速式安全锁内的两飞块1一端铰接于旋转压板6上，另一端则通过拉簧5相互连接。钢丝绳从导向套 9 进入后，从两只锁块 12 之间穿入（锁块间留有足够的间隙），穿出前与旋转压板 6 联动的滑轮 8 通过弹簧 13 将钢丝绳挤紧，以保证飞块轮盘能与钢丝绳同步转动。当吊篮下降时，飞块旋转压板 6 被钢丝绳带动旋转，当超过某一设定值时，飞块 1 即可克服拉簧拉力而向外张开，直至触发拨杆 4 为止，由于拨杆 4 与叉型凸轮 11 是联动装置，而锁块是靠叉型凸轮 11 的支承才处于张开的稳定状态，拨杆带动叉型凸轮动作后，锁块机构失去支承，靠其铰轴上的扭力弹簧的作用，锁块闭合，形成钢丝绳产生自锁的状态，此后产生的锁绳力随荷载的增加而成倍增加，以此达到将钢丝绳可靠锁紧，阻止吊篮整体继续下滑。

2. 防倾式安全锁工作原理

（1）结构组成

如图 2-20 所示。防倾式安全锁主要部件由动作控制部分和锁绳部分组成。控制部分的主要零件由滚轮 5、摆臂 2、转防倾式安全锁动轴 7 等组成，锁绳部分有锁块 3、绳夹板 4 和扭力弹簧 8 等组成，防倾斜打开和锁紧动作的控制由工作钢丝绳状态决定。

（2）工作原理

防倾式安全锁主要采用杠杆工作原理。吊篮正常工作时，工作钢丝绳通过防倾斜锁滚轮与限位之间穿入提升机。当工作钢丝绳处于绷紧状态，使得滚轮 5 和摆臂 2 向上抬起，摆臂转动轴 7 带动锁块向下，锁块处于张开状态，安全钢丝绳得以自由通过防倾斜安全锁。当吊篮发生倾斜（悬吊平台倾斜角度达到锁绳角度时）或工作钢丝绳断裂时，滚轮 5 失去支撑，导致锁块机构失去支承，靠其铰轴上的扭力弹簧的作用，锁块闭合，形成钢丝绳产生自锁的状态，悬吊平台就停止下滑，达到确保安全的目的。

防倾斜安全锁安装在提升机安装架上端，滚轮与提升机进绳孔处于上下垂直位置。提升机固定好后，按要求穿入工作钢丝绳，然后将安全钢丝绳（也称：后备钢丝绳）穿入防倾斜锁。

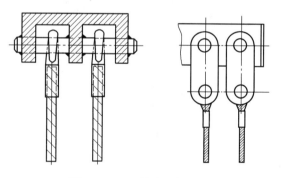

图 2-21 双悬挂点的结构形式

五、钢丝绳

（一）技术要求

（1）安全钢丝绳必须独立于工作钢丝绳，分别固定于悬挂机构不同挂点上。双悬挂点的结构形式，如图 2-21 所示。

（2）正常运行时，安全钢丝绳下端距地 15cm 处设绳坠（重锤，坠砣），使钢丝绳处于悬垂状态。

（3）钢丝绳不得拉伤、变形或扭曲，端部绳夹数量、间距、固定方法应符合现行标准。

（4）工作钢丝绳最小直径不应小于 6mm，单作用钢丝绳悬挂系统的安全系数≥8。双作用钢丝绳悬挂系统的安全系数≥12。

（5）吊篮宜选用高强度、镀锌、柔度好的钢丝绳，其性能应符合《重要用途钢丝绳》GB/T 8918 的规定。

（6）钢丝绳绳端的固定应符合《塔式起重机安全规程》GB 5144 的规定。

（7）钢丝绳的检查和报废应符合《起重机钢丝绳保养、维护、安装、检验和报废》

GB/T 5972 的规定。

（8）安全钢丝绳宜选用与工作钢丝绳相同的型号、规格。

（二）分类与特点

吊篮钢丝绳由工作钢丝绳、安全钢丝绳、加强（预紧）钢丝绳三部分组成，与其他起重机械所用钢丝绳相比，吊篮钢丝绳受力方式有很大不同。爬升式吊篮依靠绳轮和钢丝绳之间的摩擦力实现提升，钢丝绳工作中会遭受强烈的挤压、弯曲，因此吊篮钢丝绳应采用无油型，且质量要求很高。

外用施工吊篮钢丝绳一般采用航空钢丝绳，表面应干燥、光滑，钢丝绳内芯应为高强钢丝，不使用普通的麻芯。双吊点悬挂吊篮的钢丝绳由两条工作钢丝绳和两条安全钢丝绳组成，吊篮钢丝绳长度应遵守产品使用说明书中作业高度的规定。

安全钢丝绳（也称：后备钢丝绳）的下端须用悬垂的绳坠（也称：坠铁）有效固定，以安全钢丝绳易不被安全锁卡坏。钢丝绳的固定绳卡必须与钢丝绳相匹配，按吊篮说明书的技术要求正确配置绳卡、观察环，在与悬挑支架固定的一端加设鸡心环，保证钢丝绳的合理弯曲半径。

六、电气控制系统

（一）技术要求

（1）以"三级配电、两级保护"系统为配置原则，为吊篮提供电源动力。

（2）电气系统应设置过热、短路、漏电保护等符合规定的安全保护装置。

（3）系统必须设置紧急状态下切断主电源控制回路的急停按钮。

（4）急停开关为电动吊篮电气线路总开关，是日常电气检查的重点装置，应保证功能有效。操作人员遇到停电或紧急情况时，应迅速摁下急停开关，切断主电源控制回路。故障解除后可顺时针旋转急停开关，开关将自动打开。

吊篮控制系统接线，如图 2-22 所示。

（二）结构组成

吊篮的电气操控系统分为分离式和集中式两种控制形式，主要硬件由电器控制箱、电磁制动电机、进绳保护装置、超载

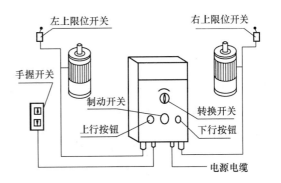

图 2-22 吊篮控制系统接线

保护装置和手持开关等组成。分离式电气控制系统中，每个提升机单独配置一个电器箱，即可单机操作，也可通过集线盒实现多机操作。集中式电气控制系统中，所有提升机的电机电源线及行程限位的控制线全都接入同一电气控制箱，所有动作在该电气控制箱上操作。国内吊篮产品较常用集中式电气控制系统。

电气系统的主要保护设计：

三相电源保护系统中采用三相五线制和相序继电器；一般采用"总电源、分配电箱、电控箱"三级配电线路。

主电源保护措施：设计有灵敏度不小于 30mA 的漏电保护，主电路相间绝缘电阻 $\geqslant 0.5M\Omega$；

电气线路绝缘电阻≥2MΩ；电机、金属外壳接地电阻≤4Ω。

电缆保护措施：针对常见的悬挂吊篮施工场合，设计有随行电缆过度拉伸保护，垂直电缆过度拉伸保护等。整体防护等级不低于 IP54。

（三）控制原理

电器控制箱内的安全保护装置一般包括：自动限位、漏电保护、过热保护、紧急制动、电流过载保护等。

本节只给出两种典型配电箱元器件与电缆接线方案，不展开叙述具体技术内容。

（1）市场较多见的吊篮电控原理和常规配电箱实物，如图 2-23 所示。

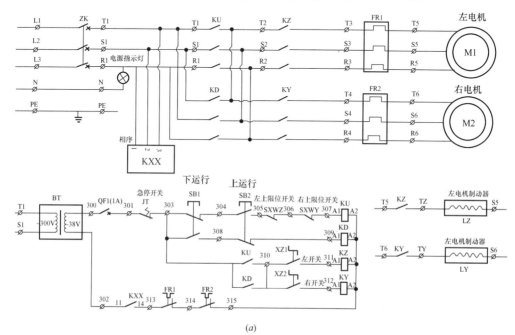

(a)

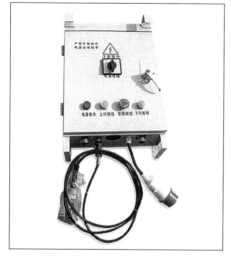
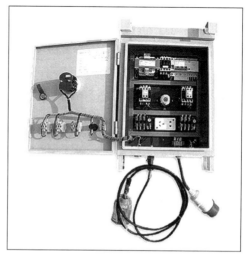

(b)

图 2-23　电控原理线路图和常规电控箱

（a）电控原理线路图；（b）吊篮电气控制箱

具体工程实践中，应查阅吊篮制造厂的产品手册和随机使用说明书和电气接线图。

（2）市场新出现了一种模块控制型电控箱，如图 2-24 所示。该新型控制箱采用 PLC 程控模块，易于维护，控制功能较常规电气箱可扩展到数字工地、智慧工地等在线平台，对接实现设备集群或远程管理功能，实践选用中应查阅吊篮随机使用说明书和电气接线图。

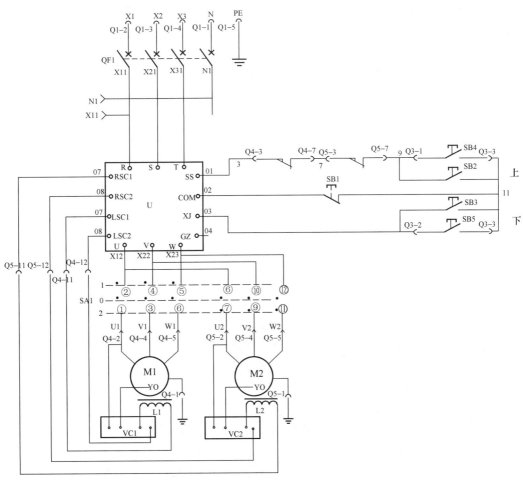

图 2-24　电控原理线路图和模块程控电控箱

第三章 设备管理

第一节 责任主体

一、吊篮施工中的责任主体

（一）责任主体

吊篮在市场服务与工程活动中一般涉及的责任主体，见表3-1。

施工现场总体管理一般由建设单位和施工总承包单位共同负责。建设单位（也称：业主）是工程的权属单位和建设投资方。施工总承包单位是业主选定的实施项目任务的现场施工总负责单位，一般称总包单位。分包单位是经业主指定或由总包单位选定的承担分部分项单项任务的服务单位。监理单位受业主委托，代表业主对工程项目过程实施监督管理和沟通协调。

吊篮作业一般集中在外立面维护幕墙，外立面装饰等分项任务范围。因此，吊篮服务单位和从业者在市场服务和工程活动中的重点沟通对象为：总承包单位、幕墙工程或外立面装修等分包单位、监理单位、检验机构、安全监管部门等。

（二）责任主体的一般职责

与吊篮活动相关责任主体职责内容，见表3-1。

吊篮活动相关责任主体职责 表3-1

序号	责任主体	一 般 职 责
1	建设单位	遵守工程建设程序和质量安全有关法律法规和强制性标准，为工程施工提供必要的安全环境条件。协调建筑设计或结构工程师为吊篮安装提供必要的施工验算与安全审核事项的确认。完善和提供必要的安装条件、安全生产现场管理与防护条件
2	总包单位	根据现场分部分项任务需要与分包单位及其他责任主体签署安全责任协议书，对总体施工管理目标分解，做出界面分割，进行检查和指导
3	分包单位	在吊篮施工中，总包单位和外墙作业分包单位应与吊篮出租单位和使用单位签订安全协议，明确各方安全责任，并对现场安全生产工作实行统一管理。 总包单位对吊篮安全管理负总责，分包使用单位对吊篮安全使用过程事项具体负责
4	监理单位	对工程流程程序、节点质量和安全措施落实情况检查控制及隐蔽验收，对工作过程实施监理
5	出租单位	应为吊篮使用单位提供全面安全技术指导服务，双方应书面协议约定安全责任。吊篮操作人员培训与能力考核由作业人员所在单位或派出单位负责
6	使用单位	应按设备手册和标准规定要求的进行设备日常检查、作业前检查、定期检查。每日作业前由安全管理人员对吊篮逐台检查，发现隐患及时通知整改维护，隐患消除后方可作业。对入场吊篮质量和功能完备情况、日常维护情况、安全事项检查确认结果等负责

序号	责任主体	一般职责
7	作业人员	按操作规程使用吊篮，按施工方案作业。未经岗位培训合格，接受安全交底，并获现场主管方授权，严禁上机作业。作业者对按设备操作规程和个人作业质量负责。吊篮安拆特种作业人员应具备特种作业资格，遵守从业准入规定
8	制造单位	对吊篮产品质量负责，接受委托为现场提供设计配合、安全验算配合、产品定制、售后升级改造等服务，为客户提供合格备品、备件和必要的技术支持
9	检验机构	受相关责任主体委托，对安装后的吊篮进行安装检查、安全检验，对安装检验结果负责，提供技术咨询和安全建议
10	安监部门	在安全生产法、建筑法以及其他行政许可法规授权的权力清单内履行职责，监督指导现场安全工作，检查安全管理程序和安全标准实施情况，预防和处理工程事故

二、职责界面

（一）施工总承包、分包单位

施工总/分承包单位的工作职责，见表 3-2。

施工总/分承包单位的工作职责　　　　　　　　　　表 3-2

序号	责任事项	主要工作内容
1	审核事项	向安装单位提供拟安装位置的承载能力、隐蔽工程验收单和混凝土强度报告等基础施工资料，确保吊篮进场安装所需的施工条件。 审核吊篮产品鉴定证书、产品合格证、使用说明书、产品检测报告等文件。 审核吊篮安装、拆卸单位、使用单位的服务能力类证书和特种作业人员的资格证书。 审核安装、拆卸单位制定的吊篮安装、拆卸工程项施工方案。 审核使用单位制定的吊篮安全操作规程和安全应急预案，审查作业人员岗位培训证明情况。 组织安装单位、租赁单位、使用单位和监理单位对安装后的吊篮进行验收。 采用吊篮进行幕墙安装施工的项目，若属于驻地危险性较大工程监管目录和安全监管范围，应将吊篮（尤其是产品说明书规定之外的非常规工况）安拆工作内容纳入总包单位施工方案，由专家论证后方可实施
2	监督事项	指定专职安全生产管理人员，监督检查吊篮安装、使用、拆卸情况。 总包单位应监督吊篮使用单位与安装、拆卸单位签订安全协议并落实安全责任人。 监督检查吊篮的使用情况。吊篮停用 5 日以上的，使用单位应及时通知吊篮出租单位、施工总承包单位和监理单位共同进行检查，合格后方可重新启用。 监督使用单位对吊篮做好安全防护措施，督促租赁单位（安装单位）对吊篮进行日常检查和定期维修保养。对作业人员岗前安全教育和操作安全交底，配备齐全有效的安全防护用品。 每班作业前，使用单位人员应对吊篮进行一次检查，检查合格后方可进行作业。 负责指派安全管理人员巡查施工现场，发现问题立即整改或要求相关单位整改
3	配合事项	提供和保证现场满足吊篮正常安装、拆卸所需基本条件。 提供运输进出场条件，提供吊篮安装、拆卸现场安全保障，提供临时用电电源等配合条件

（二）吊篮监理单位

吊篮监理单位的工作职责，见表 3-3。

吊篮监理单位的工作职责 表 3-3

序号	责任事项	主要工作内容
1	审核事项	审核吊篮生产条件能力证明、产品鉴定证书、产品合格证、使用说明书、检测报告等文件。 审核吊篮安装、拆卸单位、使用单位的资质证书和特种作业人员的资格证书。 审核安装、拆卸单位制定的吊篮安装、拆卸工程专项施工方案
2	监督事项	监督安装、拆卸单位对吊篮安装、拆卸工程专项施工方案的执行情况。 监督检查吊篮的使用情况。 发现存在生产安全事故隐患的，应要求安装、拆卸单位、使用单位限期整改。 对安装、拆卸单位、使用单位拒不整改的，应及时向建设单位报告并发出停工整改指令
3	配合事项	组织安装单位、租赁单位、使用单位会同监理单位对安装后的吊篮进行验收

（三）吊篮使用单位

吊篮使用单位的工作职责，见表 3-4。

吊篮使用单位工作职责 表 3-4

序号	责任主体	主要工作内容
1	执行事项	对所使用的吊篮设备的使用安全和日常安全管理负责。 对吊篮的使用人员负有安全技术教育、监督和管理责任。 确保吊篮的使用人员经过入场培训、岗位培训考核合格并授权分工。 特种作业人员具有合法有效的从业准入操作资格证件等。 严格执行对吊篮设备的日常例行保养与检查工作。发现吊篮设备出现故障或运转异常应及时请专业维修人员进行修复与排除故障；严禁吊篮带故障运行
2	监督事项	监督吊篮操作人员严格执行劳动保护条例、戴安全帽、穿防滑鞋、着紧身服、系安全带、挂安全大绳，严格遵守各项安全操作规程。 每日工作前，杜绝酒后、过度疲劳、情绪异常者上岗
3	配合事项	参加由安装单位、租赁单位、使用单位会同监理单位对安装后的吊篮进行验收

（四）吊篮安装单位

吊篮安装单位的工作职责，见表 3-5。

吊篮安装单位的工作职责 表 3-5

序号	责任事项	主要工作内容
1	执行事项	在营业许可范围内合法从事吊篮的安装、拆卸业务，对吊篮安装质量与安全负责。 提供合法有效的吊篮安装、拆卸资质能力类证明材料。 负责制定吊篮安装、拆卸工程专项施工方案，报使用单位、总承包单位和监理单位审核，同时应对安装作业人员进行安全技术交底，按其实施。 确保进入施工现场的安装、拆卸人员是合格人员，并具有合法有效的资格证书，对安装、拆卸过程的安全负责。

序号	责任事项	主要工作内容
1	执行事项	主要负责人、项目负责人、专职安全生产管理人员应持有安全生产考核合格证书。吊篮安装、拆卸的作业人员应具有特种作业人员的资格证书。 确保所安装的吊篮符合相关技术标准和使用说明书的各项要求；随机资料完整，具有产品鉴定证书、产品合格证、使用说明书和产品检测报告等。 组织专业技术人员对安装完毕的吊篮全面自检，发现问题及时纠正；及时申请工程总承包和工程监理单位进行安全技术检查与验收。 吊篮安装和拆卸作业，应设置警戒区，指派专人负责统一指挥和监督，禁止无关人员进入
2	配合事项	吊篮安装、拆卸单位应与使用单位在吊篮安装前签订吊篮施工安全管理责任协议，明确双方的安全生产责任。 安装、拆卸单位和使用单位为同一单位时，应向建设单位、总包单位或监理单位提供安全管理规章制度、安全管理保证措施及安全施工方案。 吊篮安装完毕并自验合格后，委托进行安装质量检验。检测合格后，由施工总承包单位组织安装单位、租赁单位、使用单位、监理单位进行验收，填写吊篮安装验收记录。 若驻地行政部门实施吊篮备案登记，则应办理高处作业吊篮安装使用登记和有关备案程序
3	特别事项	吊篮在同一施工现场进行二次移位安装后，应由施工总承包单位组织安装单位、租赁单位、使用单位、监理单位进行重新验收，形成吊篮安装验收记录，存现场备查

（五）吊篮租赁单位或产权单位

吊篮租赁或产权单位的工作职责，见表3-6。

吊篮租赁/产权单位的工作职责 表3-6

序号	责任事项	主要工作内容
1	执行事项	在营业许可范围内合法从事吊篮的租赁业务，对所供吊篮设备的技术性能与质量负责。 提供合法有效的吊篮租赁服务能力类证明材料，如行业协会自律性吊篮租赁服务能力证明等。 确保出租的吊篮是具有合法有效资质的吊篮制造企业所生产的合格产品。 确保进入施工现场的吊篮是经专业检查、维护保养合格的设备，安全锁在标定期内
2	配合事项	吊篮随机具有产品合格证、产品型式检验报告和使用说明书，严禁使用不合格产品。 租赁单位应建立健全吊篮的安全技术档案。 租赁单位应派专业人员（也可委托安装单位派人）负责吊篮设备日常使用的维修保养和检查工作，确保吊篮安全技术性能和安全装置符合设备手册和相关标准要求
3	特别事项	存在下列情况之一的吊篮，不得出租、使用： （1）属于项目驻地明令淘汰或禁止使用的。 （2）超过安全技术标准、制造厂及监管部门要求的使用寿命年限规定的。 （3）经检验达不到国家和行业安全技术标准规定的。 （4）没有齐全有效的安全保护装置的。 （5）擅自改变吊篮原设计参数和安全部件，未经原厂吊篮制造工程师安全确认的

第二节 管 理 程 序

一、吊篮工程服务应满足的一般条件

1. 合格供方

安装单位应具备相应的市场服务和吊篮工程服务能力，一般由总包、分包单位经考查后列为吊篮服务合格供方。安装单位应与吊篮使用单位签署安装维保合同和安全生产协议书并约定双方安全责任。由吊篮租赁服务方或生产厂家实施现场安装的，应提供吊篮产品综合服务能力证明，由总包、分包单位考核并签署服务合同，按合同约定进行吊篮安装。

2. 产品合格

进入施工现场的吊篮应为正规厂家制造的合格产品，一般要求随机出具：出厂合格证（吊篮、钢丝绳、安全锁、提升机），设备使用说明书，有效期内的吊篮产品型式检验报告和安全锁检定证明等。吊篮一机一档和设备日志齐全，场内试验、标定、检查维护记录完整，保障产品二次组装合格。

3. 合格人员

高处作业吊篮安装拆卸属于特种作业，安拆人员必须持有建设主管部门颁发的《建筑施工特种作业操作资格证书》入场作业。

吊篮设备的操作者应经过专业培训合格，具备岗位入职能力。

所有入场人员应接受安全教育、安全交底、施工方案交底，所在单位主管对其岗位知识能力进行考核通过，经过现场任务分工和授权后，方可作业。

4. 方案完整

吊篮安拆、使用前需编制安全专项施工方案，执行吊篮安装和拆卸活动自检、委托第三方检测、现场联合验收等规定的审核确认程序。安全专项施工方案中应涵盖对入场标准型吊篮使用、非标定制型吊篮使用、非常规工况下安装拆卸等活动的具体分类管理。方案审核通过后，对吊篮作业人员实施安全技术交底，学习掌握施工方案、了解重点风险、演练应急方案，形成人员岗位能力与安全培训考核记录。

5. 报备使用

若项目驻地有行政依据实施吊篮备案登记，应遵守履行吊篮安装拆卸备案、使用登记告知手续。主要包括：检验检测、联合验收、使用登记等。

（1）检验检测

未经检测合格的吊篮不得使用。施工总承包（使用）单位应在安装完成后，及时报送检测单位，对吊篮进行安装检测，吊篮需竖向移位的，移位安装自检后应重新检测。

（2）联合验收

联合验收由施工总承包单位（分包单位）、使用单位、监理单位和吊篮提供单位组成，首次安装检测合格后，经空载运行试验，形成吊篮验收记录。吊篮需要进行移位的，施工总承包（使用）单位应及时书面告知监理单位，经同意后方可移位，移位后应重新组织验收。未经安装验收合格的吊篮不得投入使用。

（3）报备登记

若项目驻地监管部门有行政依据实施吊篮备案登记，吊篮服务方应遵守其规定，未经使用登记的吊篮不得使用。施工总承包（使用）单位应在吊篮检测验收合格之后，携带吊篮检测验收使用登记表（一般由驻地管理部门提供表格）和辅证支撑资料（一般由驻地主管部门提供），在吊篮正式使用前，到项目驻地指定的吊篮使用备案登记机构办理使用登记。

二、专项施工方案

一般情况下，吊篮安装、拆卸作业前，安装、拆卸单位应编制吊篮安装、拆卸的专项施工方案，由安装、拆卸单位技术负责人批准后，报送施工总承包单位或使用单位、监理单位审核，审核合格后方可进行吊篮的安装和拆卸工作。

对于特殊的建筑结构和设计方案，吊篮安装、拆卸的专项施工方案需经过评审，评审合格并经过总承包单位或使用单位、监理单位审核后，可进行吊篮的安装和拆卸工作。当安装、拆卸过程中专项施工方案发生变更时，应按程序重新对方案进行审批，未经审批不得继续进行安装、拆卸作业。施工单位（包括吊篮单位、幕墙单位及总包单位）使用的现场事项审批表、监理审批表，相关表格一般在施工现场向监理方和总包单位处获取。

吊篮安装、拆卸工程专项施工方案应根据使用说明书的要求、作业场地及周边环境的实际情况、吊篮使用要求等编制。

专项施工方案应包括以下主要内容，见表3-7。

吊篮安装、拆卸专项施工方案编制要点 表3-7

序号	要点	主 要 内 容
1	工程概况	应包含主体结构形式、层高标高、吊篮安装点位具体支撑条件、外墙装饰类型、材料的最大体积重量、吊篮使用范围、当前施工进度、进度质量目标等
2	编制依据	施工合同、施工图纸、施工组织设计及各类相关的技术标准、规范图集、地方性规定、施工现场的实际状况、设备手册、产品使用说明书、吊篮厂安全告知等
3	人员组织与岗位职责	建立项目管理体系，包括总承包单位、分包单位、吊篮安拆单位、租赁单位以及各自职责和协调配合措施。从业准入特种作业人员资格证、吊篮及部件合格证明、行政许可类证件等必要的信息（若涉及，应提供）
4	机位布置	吊篮选用厂家、型号规格及主要参数、数量，吊篮安装计划中应明确对施工过程中吊篮移位、二次组装等事项的工作安排。 有关附图：①施工现场总平面布置图。②建筑立面图、吊篮搁置处的结构平面图。③吊篮布置平面图（含吊篮平台、前后支腿位置、安全大绳与建筑主体结构可靠挂结的固定位置）、移机平面图、吊篮安装剖面图。④悬挂机构安装平台图纸（如有）。⑤节点详图
5	吊篮选型	吊篮技术参数、主要零部件外形尺寸和重量
6	安全验算	特殊悬挂支架受力及抗倾覆计算分析和钢丝绳安全系数校核：钢丝绳验算，悬挂机构抗倾覆稳定性验算，悬挂机构安装处的承载力验算（必要时应经业主协调建筑物结构设计工程师认可）。吊篮支架支撑处的结构承载力应经过验算，方案实施前向作业人员进行安全技术交底。 非标安装工况和非标吊篮应经专项设计计算，经吊篮生产厂家确认

序号	要点	主 要 内 容
7	安拆器具	随机自检用仪器具、专用安装器具、使用说明书规定的辅助器材等
8	安拆工艺与程序方法	吊篮安装拆卸工艺（包括二次移位）及防火、防雷、防坠落等安全技术措施。明确吊篮验收要求，吊篮日常使用维护要求；季节性施工措施，安全技术交底措施，成品保护措施等
9	安全装置调试说明	遵从吊篮随机使用说明书、吊篮厂家针对特殊工况和非标吊篮出具的安装作业指导书等依据
10	重大危险源和安全技术措施	吊篮内载控制措施，安全大绳（也称：生命绳、保险绳）与建筑主体结构可靠挂结的固定位置及方式；对照《高处作业吊篮》GB/T 19155中的危险源列表，比对分析现场安装使用条件下的风险点，识别重大危险源并制定安全技术措施
11	安全应急预案	包括领导小组及抢险小组，人员职责分工、联系方式，针对性应急措施、应急物资储备应急演练与培训安排等

三、安全交底

吊篮施工中应注意遵守住建部有关危险性较大的分部分项工程的安全管理规定，针对特殊工况和特殊作业任务，业主和总承包方可组织有关专家论证。对于危险性较大的分部分项工程中的吊篮施工任务，现场应落实好安全管理程序和安全技术措施，重点关注安全管理程序、流程、应急预案、防护措施的安全交底，留存全部记录。

安全技术交底的相关要求，见表3-8。

吊篮安装、拆卸专项方案安全技术交底要点　　　　表3-8

序号	要点	主 要 内 容
1	交底对象	总包、分包间的交底、分项工程或安全专项方案交底、新工艺新装置及特殊工况的安全交底、上岗前交底、季节性施工期安全交底及一些特殊工作交底。总包应与分包单位负责人办理安全交底手续，涉及安全防护设施移交的，双方应进行移交验收；分包单位技术负责人和专职安全员应履行对任务现场所属作业人员交接和安全技术交底的管理职责
2	岗位分工	安全技术交底记录表应由技术负责人和安全员填写。技术负责人负责安全技术方面交底内容。专职安全员负责日常安全常识、安全规章制度等方面教育内容。安全员还承担监督安全技术交底程序和检查落实交底事项的岗位职能
3	交底方式	安全技术交底必须在分部分项工程作业前进行。交底时结合口头讲解，应备有书面文字材料（或影像资料）等"交底内容"
4	覆盖范围	交底应覆盖到吊篮施工班组的每个作业人员。交底时双方应履行签字手续等。安全技术交底记录表一式两份，交底人、被交底班组都应各存一份，以备对安全责任或质量问题的回溯
5	交底内容	包括：分部分项工程作业特点与吊篮的性能参数、安装拆卸的程序、方法、工艺技术和危险源分析，各部件的连接形式及安全要求，悬挂机构及配重的安装要求，吊篮使用说明书及安全告知，作业中的安全操作措施；针对危险源的应急预案和预防措施，岗前安全检查程序与措施，事故后应采取的避难和急救措施
6	交底周期	交底的时间周期可视作业场所和施工对象而定。作业场所和施工对象较为固定的可进行定期交底，其他场所及对象应按每一分项工程进行交底。季节性施工、特殊作业环境下作业等情形，施工前进行针对性交底。施工前和"四新"新技术、新工艺、新设备和新材料应用前，项目技术负责人及专职安全生产管理人员应向施工操作人员进行安全专项施工方案和安全技术措施交底

第三节 安 全 培 训

一、落实安全生产法规定的安全生产教育义务

安全生产教育是提高员工安全意识和安全素质，防止不安全行为，减少人为失误的重要途径。安全生产教育制度是实现安全生产目标，进行事故预防的有效手段。吊篮从业单位有义务落实全员安全培训并做好培训记录。其作用体现在如下方面：

（1）可以有效提高单位管理者及员工做好安全生产管理的责任感和自觉性，帮助其正确认识和学习职业安全健康有关法律、法规和基本安全常识。

（2）能够普及和提高员工安全技术知识，提升安全操作技能，使员工懂得自己在安全生产中的地位和具体作用。

（3）落实安全生产法在本企业的安全管理制度体系，对安全管理体系分工到岗，责任到人，建立有效的责任回溯机制、事故防范机制、应急管理机制、安全培训机制。

依据《中华人民共和国安全生产法》，生产经营单位必须执行国家标准或行业标准，企业具有组织员工培训新标准、新技术、新工艺的法定义务。生产制造单位、生产经营单位、施工单位常用的岗位培训领域的法规政策，见表3-9。

安全生产培训相关政策要点　　　　　　　　　　　　表3-9

序号	法律依据	内　容　要　点
1	安全生产法	生产经营单位应当对从业人员进行安全生产教育和培训，未经安全生产教育和培训合格的从业人员，不得上岗作业。 建立安全生产教育和培训档案，如实记录安全生产教育和培训的时间、内容、参加人员以及考核结果等情况。 生产经营单位的主要负责人对安全生产工作全面负责，应组织实施本单位安全生产教育培训计划，组织或参与安全生产教育和培训，如实记录安全生产教育培训情况。 生产经营单位采用新工艺、新技术、新材料或者使用新设备，必须了解、掌握其安全技术特性，对从业人员进行专门的安全生产教育培训。 从业人员应当接受安全生产教育和培训，掌握本职工作所需的安全生产知识，提高安全生产技能，增强事故预防和应急处理能力
2	建筑法	建筑施工企业应当建立健全劳动安全生产教育培训制度，加强对职工安全生产的教育培训；未经安全生产教育培训的人员，不得上岗作业。建筑施工企业应当建立健全劳动安全生产教育培训制度，加强对职工安全生产的教育培训；未经安全生产教育培训的人员，不得上岗作业
3	产品质量法	生产者、销售者应当建立健全内部产品质量管理制度，严格实施岗位质量规范、质量责任以及相应的考核办法。产品质量应检验合格，不得以不合格产品冒充合格产品。可能危及人体健康和人身、财产安全的工业产品，必须符合保障人体健康和人身、财产安全的国家标准、行业标准

序号	法 律 依 据	内 容 要 点
4	国家安全监管总局第44号令，《安全生产培训管理办法》	生产经营单位应当建立安全培训管理制度，保障从业人员安全培训所需经费，对从业人员进行与其所从事岗位相应的安全教育培训；从业人员调整工作岗位或者采用新工艺、新技术、新设备、新材料的，应当对其进行专门的安全教育和培训。未经安全教育和培训合格的从业人员，不得上岗作业。从业人员安全培训情况，生产经营单位应当建档备查
5	国家安全监管总局第80号令，《生产经营单位安全培训规定》	单位应当将安全培训工作纳入本单位年度工作计划。保证本单位安全培训工作所需资金。主要负责人负责组织制定并实施本单位安全培训计划。 单位从业人员应当接受安全培训，熟悉有关安全生产规章制度和安全操作规程，具备必要的安全生产知识，掌握本岗位的安全操作技能，了解事故应急处理措施，知悉自身在安全生产方面的权利和义务。 未经安全培训合格的从业人员，不得上岗作业
6	人社部第25号令，《专业人员继续教育规定》	2017年，人社部发布《专业人员继续教育规定》（部令第25号），规定：专业技术人员参加继续教育情况应作为聘任专业技术职务或者申报评定上一级资格的重要条件。专业技术人员参加继续教育的时间，每年累计应不少于90学时。安全教育学习活动可计入专业技术人员本人当年继续教育学时
7	住建部《建筑施工现场专业人员继续教育规定》	2017年，住建部出台了《建筑施工现场专业人员继续教育规定》，对施工现场专业人员提出了继续教育、学习内容、学时等要求
8	住建部《关于加强工程建设标准实施监督的指导意见》	加大标准宣贯培训力度，加强标准宣贯培训，发挥标准主编单位和技术依托单位主渠道作用，采取宣贯会、培训班、远程教育等形式，积极开展标准的宣贯培训。将标准培训纳入执业人员继续教育和专业人员岗位教育范畴，提高工程技术人员、管理人员实施标准的水平。 以强制性标准为重点，开展标准实施专项检查或抽查，依法对违反强制性标准的行为进行处罚，及时通报监督检查结果

二、落实作业人员岗位培训考核并分工授权

根据《高处作业吊篮》GB/T 19155—2017 的规定，与吊篮有关的活动均应由被授权的岗位合格人员和操作者实施完成。吊篮服务单位（雇主）在招聘新员工和面临新增风险时，应确保为其员工提供足够的健康和安全培训。责任人应确保只有经过高空作业操作和维护培训的操作者方可使用吊篮。应根据吊篮的复杂性，定期进行再培训。岗前培训与安全培训合格方可上岗作业，如图 3-1 所示。

对吊篮操作者的培训应包括以下内容：熟悉特定地点的风险评估和描述方法、熟悉并掌握吊篮的操作、包括允许安全进入和撤离的安全系统、吊篮故障情况下或遇险位置所允许遵循的紧急措施、吊篮的主要参数、吊篮使用前的预先检

图 3-1 先培训后上岗

查等。

除此之外，还包括产品手册、安装使用维护说明书、安全生产法规基本知识、安全防护作业相关标准、高空作业安全知识、自救互救等应急处置、吊篮基础知识、拆装技能、维修技能、操作规程和设备管理知识，经过专业培训考核，可以确保吊篮操作者具备岗位能力，能正确拆装、维修、操作和管理吊篮，保证设备的安全运行。

吊篮相关岗位的培训重点和层次，见表3-10。

吊篮相关岗位培训的内容重点和层次 表 3-10

序号	要点	主 要 内 容
1	培训重点	如何正确操作和使用吊篮； 如何对可能出现的突发情况正确应对处理等方面。 通过日常训练，增强上机人员自我保护、成品防护、保护他人的自觉意识，养成良好安全习惯和作业习惯。 未经安全交底和授权的人员不具备作业资格，不得入场作业和上机
2	考核方式	考核过程一般采用安全教育和理论考试闭卷笔试，实操能力考核以模拟操作、实际操作结合安全知识点口试或案例分析等进行
3	全员培训	施工现场入场全体人员应定期集中培训，培训内容包括有关安全生产的法律、法规、工地规章、操作规程、执行标准和驻地项目安全监管政策等；熟悉施工作业方案、设备手册和使用说明书，掌握现场对应型号的吊篮设备管护与检查专业知识；学习高空安拆架设等特种作业安全生产知识，掌握施工现场重大事故应急措施，急救方案等
4	岗位培训	新录用人员经接受入职培训与能力考核，能力不足的应进行提升培训和重点指导。新工人应熟悉工作单位的基本管理制度，系统学习有关安全法规、标准和作业规程，学习必要的知识和工作技能，做好应急预案演练。进行必要的岗位实习和岗前训练，熟悉吊篮作业环境，实习时间应符合吊篮手册对合格操作人员的基本要求
5	入场培训	吊篮作业现场主管方应组织对场人员和新工人实施入场教育岗前培训与能力考核，对岗位能力胜任者进行分工、授权，对重点风险部位和特殊作业工序，应加强针对性的作业指导和安全交底。 新工人入场培训的一般内容包括： （1）吊篮的组成，分类、性能、参数。 （2）提升机、安全锁的工作原理及典型结构，安全锁的安全要求。 （3）悬挂机构、悬吊平台的典型结构，组装工艺流程及安全技术要求。 （4）吊篮的安装程序，拆卸程序，安全技术要求。 （5）悬挂机构二次转移安装程序，安全技术要求。 （6）安全带、保险绳、钢丝绳的安全技术要求及报废标准。 （7）施工过程中的应急操作、安全防护等。 （8）吊篮的验收与检查维护维修。 （9）现场吊篮安拆与操作的特殊规定、设备制造商的安全告知
6	作业前再培训	现场主管方在新工人入场后，进入作业岗位前，应结合作业方案的要求对其进行安全交底和再培训

第四节 租 赁 管 理

租赁服务商对所采购吊篮及服务、设备档案管理、吊篮维护、场内安全部件试验、吊篮返修、零部件及整机报废管理等工作负责，履行自身对市场经营合规、作业人员与吊篮交付合格、遵守现行标准规范、现场服务合乎双方约定等工作的管理责任。

一、场内管理

场内管理的主要节点与工作内容，见表 3-11。

场内管理节点与工作内容 表 3-11

序号	控制节点	主要工作内容
1	一机一档	租赁服务商应对吊篮实施一机一档管理，详细载明吊篮编号、规格型号、数量、使用用途、入出场时间、安全部件状况等
2	设备日志	建立设备日志制度，随时记录并收集包括作业前检查、日常巡检、定期检查、维护保养、维修管理等各节点工作结果
3	互换性管控	遵守设备手册和产品说明书规定，在吊篮厂指导下，落实吊篮主要部件的互换管控，及时更换易损件，做好现场检查维护
4	库存管理	落实吊篮仓储场库存管理制度；配备合格人员，强化吊篮在租赁仓储场内维护维修与备品备件服务提供能力，配备合格人员，做好例行维护保养，保持吊篮正常功能和安全性能
5	人员管理	吊篮租赁商拟派驻现场吊篮服务人员应经专业技术培训、安全培训，具备岗位能力和防护知识，熟悉安全常识与应急预案，提供岗位培训合格证明。 从事吊篮安装拆卸特种作业的人员应符合从业准入规定，持住建部门特种作业资格操作证件上岗
6	安全交底	落实吊篮施工现场安全管理程序，落实进场教育和作业前安全交底等规定程序和规定动作，并留存现场交底记录

二、备案登记

项目驻地监管部门有行政依据实施吊篮备案登记的，吊篮服务方应予以遵守。

吊篮生产单位或吊篮租赁单位在吊篮首次出租或安装前，应向工程施工所在地的施工安全监督机构办理产权登记备案，并提交资料。

1. 吊篮备案登记对相关责任主体的节点要求内容，见表3-12。

吊篮备案登记对责任主体和节点要求　　　　　　　　表 3-12

序号	责任主体	辅证支撑材料	风险注意事项
1	吊篮租赁（产权单位）	所需资料：企业法人营业执照副本；企业服务能力证明；产品合格证；出厂检验报告；产品使用说明书；吊篮专业技术人员、安全管理人员、专业维修人员名单。开展吊篮安拆业务特种作业的，还应提供企业持有住建部门吊篮安拆特种作业资格证件的人员名单；企业吊篮设备安全质量管理制度；企业吊篮设备一览表。吊篮安拆单位向工程所在地主管部门负责吊篮安装（拆卸）申报核准通过后，吊篮方可进场使用	一般情况下，租赁合同正本，红章原件，签字手续应完整，为法人代表签字盖章。合同文本若由其他代表签字，应同时出具法人授权委托书。吊篮施工"工地项目部"不具备法人资格，不能独立对外签署合同。如发现吊篮租赁合同签署单位为项目部，应向其索要其上级法人单位授权证明和营业执照，必要时应由其上级单位在合同上盖章，以防因合同签订主体不合规引发风险
2	吊篮安装（拆除）单位	审查内容包括：单位营业执照，安全管理保证体系（有健全的安全管理制度），人员资格能力类证件：高处作业特种作业人员资格证件、安装电工（电动爬升式）、作业人员培训证明和培训记录，企业资质能力类证明等。分包合同、分包单位为建筑施工企业的应同时提供安全生产许可证及其他资质证明	吊篮安装生产单位同时也是建筑施工类企业的，应审核吊篮生产服务能力、安装服务能力类证明，同时提供安全生产许可证和专业分包资质。 吊篮生产和安装不是同一单位时，吊篮安装拆卸委托建筑施工类企业分包完成的，应提供委托协议和被委托单位的安全生产许可证和专业分包资质证书

2. 吊篮备案登记对主要辅证资料的要求与注意事项，见表3-13。

吊篮备案登记辅证资料要求与注意事项　　　　　　　　表 3-13

序号	责任主体	辅证支撑材料	注　意　事　项
1	安全管理协议书	一般包括：场地条件，设备使用及安拆人员管理，临时用电管理（电动爬升式）和现场其他管理方面的内容。安全管理协议书应由法人（项目经理）或持有法人授权委托书的项目经理与有关责任主体签署	明确各单位安全责任界面、岗位职责、管理流程、应急预案分工与协作等
2	专项施工方案	一般包括下列内容：工程概况，所选用的设备型号及性能技术参数、作业面机位布置、设备编号、安装数量。 吊篮安装、调试及检查（吊篮安装、配重计算、悬挂机构安装、工作平台安装、调试检查、成品保护与安全措施、应急预案；安拆安全技术质量交底等	设备入场后，安装前对设备开箱验收；记录设备实际状态、检查完好情况；设备入场检查程序记录；安装及安装后自检和试运行记录

序号	责任主体	辅证支撑材料	注 意 事 项
3	吊篮使用规定	对高处作业人员安全交底（存在特种作业情形时，应持有效的特种作业资格证件）；对维修人员进行安全交底，落实维修维护检查制度。 安全交底应覆盖全体维修检查巡视人员，包括电动吊篮维修电工，每天不少于一次交底，内容包括：设备手册、产品使用与维护说明书、高处作业安全知识、现行安全法规和标准规范、施工方案、应急预案等。检查维修人员应对各自维修内容对应吊篮一机一档填写记录并签字	总承包单位组织出租、安装、使用、监理等单位共同验收后移交使用。 拆除按安装的反工序进行，注意落实区域清场和安全防护的必要措施。 吊篮吊运应有适当的防护措施，注明部件质量和搬运指示信息；吊篮总质量和可被拆卸运输主要部件质量、搬运指示（如标注吊篮吊装点的图示）等

第五节 现 场 管 理

一、项目架构与职责划分

1. 项目架构

吊篮服务商（或吊篮公司）通常采用"公司本部—工地项目部—技术支持部门—任务班组—作业人员"的垂直式项目组织模式，一般指派现场项目经理、现场代表等被授权人员与业主或分包方保持沟通协调，如图 3-2 所示。由吊篮服务商委派的被授权人员在项目现场履行现场协调、入场教育、安全交底、施工方案传达、检查维护、作业巡视、备品备件管理、人员管理与岗前培训指导等职责，完成服务合同规定内容。

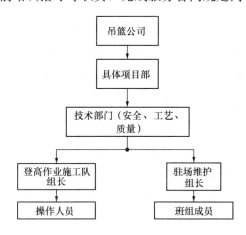

图 3-2 吊篮施工项目组织架构图

2. 吊篮现场垂直式项目组织模式部门分工与职责，见表 3-14。

吊篮现场项目部岗位分工与职责 表 3-14

序号	部门	岗位分工职责
1	现场管理部	负责对安装完成的吊篮自检合格，代表使用方组织进行复检查；检查吊篮每日维修保养记录情况；组织每周对吊篮进行一次全面检查；对施工班组进行吊篮使用安全交底

续表

序号	部门	岗位分工职责
2	驻场维修部	吊篮现场组长对施工现场人员进行安全交底、每月对施工现场进行安全检查；负责日常检查、维修工作并做好相应记录
3	施工班组	对吊篮操作人员进行安全交底；检查操作人员对操作规程的执行情况；及时反馈吊篮使用过程问题给吊篮维修部门
4	操作人员	严格按吊篮操作规程作业操作；发现问题及时向班组长汇报；接受安全交底和作业前的技术交底，检查验收安全防护用品配备情况，签署检查与作业的有关记录。 全员接受岗位知识能力基础培训合格，具备岗位能力，持有效证件上岗。 安拆特种作业人员符合从业准入规定，考取驻地特种操作资格证件

二、安全事故应急救援

1. 组织机构

吊篮安全事故应急救援组织机构有应急办公（值班）室、现场指挥部、专家技术组组成。现场指挥部下设抢险救灾组、通信联络组、警戒保卫组、医疗救护组、后勤保障组、善后工作组等。发生安全事故时，现场指挥部在总指挥部的领导下，有序开展应急救援。如图3-3所示。

2. 应急用品

针对吊篮施工中可能出现的应急情况及常见安全事故种类，确保故障或事

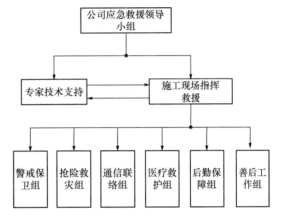

图 3-3 吊篮安全事故应急救援组织机构图

故发生时能及时修复设备并将相关损失降至最低，吊篮服务方应现场配备部分备品备件，一般情况下，吊篮施工中可能出现的应急情况及常见应急用品种类，见表3-15。

吊篮应急情况及常见应急用品种类　　　　　　表 3-15

序号	应 急 情 况	应急备品备件
1	吊篮作业过程中突然起风，超过规定工况	部分钢丝绳、备用安全大绳、救援缆绳
2	吊篮半空突然停电；提升机制动失灵或提升机钢丝绳断裂；配重整体倾斜；悬吊平台断裂，操作人员被安全绳挂到半空中	部分钢丝绳、制动盘、限速器、支撑组件、接触器、易损件、常用应急材料
3	机械伤害、触电、坠落；交叉作业高空坠物等	应急车辆，应急灯，应急药品，担架，灭火器，标识牌，防毒面具，防尘口罩

3. 救援程序

具体救援程序，如图 3-4 所示。

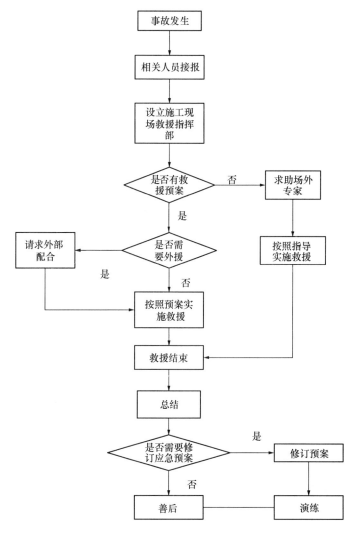

图 3-4　吊篮安全事故具体救援程序

发生事故后的最优处置程序：最先发现者应立即报告→应急值班人员接报→报告总指挥人并通知各应急救援队→救援人员在最短时间到达指定地点报到，接受分工任务→按各自职能和分工展开救援（可控情况下，人员应进行自救）；若事态或事故损害不断扩展，无法自救时→立即请求外部救援；若事故得到控制并排除危险→应由总指挥下达救援结束指令→处置完毕后由总指挥、相关技术人员及急救负责人事件进行简单调查、分析总结→必要时对应急体系根据情况进行修订→持续改进保持体系有效。

三、安全职责

吊篮工程服务中各责任主体对安全生产的职责，见表 3-16。

吊篮各责任主体安全生产职责　　　　　　　　　　　　表 3-16

序号	责任主体	安全生产职责
1	产权单位	应建立设备管理、维修检验、人员培训考核、应急与安全生产管理制度，建立施工日志，制定吊篮各岗位操作规程，履行日常检查和例行维护职责，对每台吊篮建立设备档案，内容应包含：机型、编号、出厂日期、验收、检修、试验、检修记录及故障事故情况。 应配备合格设备和场内质量检验设施，按期进行吊篮整机检测和安全锁标定。安全锁标定周期不得超过 12 个月。安全锁受冲击载荷后应进行解体检验、标定。吊篮设备存在严重事故隐患，经检验不符合国家标准或行业标准的，应予以报废
2	使用单位	对现场使用的吊篮设备履行管理职责，监督吊篮操作人员遵守操作规程和安全管理制度。专职安全生产管理人员应当检查吊篮安全生产责任制和各项安全技术措施的落实情况，及时发现设备隐患，制止各种违法违规行为。施工中发现吊篮设备故障和安全隐患时，应及时排除，必须停止可能危及人身安全的一切作业活动，交由吊篮产权单位授权的专业人员维修。维修后的吊篮应重新检查验收，合格后方可使用
3	项目班组	应落实设备作业前检查、岗前交底、日常检查、安全巡检、故障报修与设备现场维护等职责。吊篮施工遇有雨雪、大雾、风沙及 5 级以上大风等恶劣天气时，应停止作业，并将吊篮平台停放至地面，对钢丝绳、电缆进行绑扎固定。下班后不得将吊篮停留在半空中。人员离开吊篮、吊篮维修安装或每日作业收工后必须将吊篮放至地面，切断主电源，各电气开关置于断开位置，锁闭电器柜门

四、进场审查

1. 吊篮进场审查注意事项

吊篮进场审查的一般注意事项，见表 3-17。

吊篮进场审查要求　　　　　　　　　　　　表 3-17

序号	审查重点	审　查　要　求
1	进场清单	进场设备应与施工方案选型配置和数量相符，配件齐全有效。需逐一对照清点，不同型号间的吊篮严禁混装。严禁"以小代大"，如：将额定载荷 630kg 的吊篮冒充为额定载荷 800kg 的吊篮；严禁"以次充好"，如：将中标拟入场名牌吊篮擅自换成乡野小厂吊篮或"纸皮"劣质吊篮等
2	随机档案	逐一复查产品合格证、检测报告，核查入场吊篮质量证明是否齐全有效
3	部件检查	安全锁及提升机在入场、架设安装前应通过吊篮租赁商出场前检查，对安全部件逐一检查，功能完好，确保重新组装后的整机合格。 存在磨损、锈蚀、装置老化等状况的既有吊篮产品，未通过《高处作业吊篮》GB/T 19155—2017 "平台静载、悬挂装置静载及其他功能测试项目"的，应报废，不得降级使用
4	二次组装	安装单位应监控每台吊篮是否按制造厂手册的规定正确组装和安装，确保每台吊篮组装牢固，组件齐全完好，机位布置和悬挂支架放置点安全可靠。吊篮安装完毕后，经检测单位检测合格，由吊篮使用单位会同吊篮租赁（产权）单位、安拆单位、监理单位共同验收，未经进场验收或验收不合格的吊篮，严禁在施工现场安装使用

序号	审查重点	审 查 要 求
5	定期检查	吊篮提供单位应派专业人员常驻施工现场，负责设备检查维保，及时消除现场故障。吊篮首次安装及移位后、拆除前和使用过程中，安排专业技术人员对每台吊篮进行一次全面安检，检查合格后方可使用。 重点对吊篮提升机构、悬吊机构、钢丝绳等安全技术性能状况和安全锁、超高限位、紧急开关等安全装置等进行检查，出现故障或发生异常情况应立即停止使用，消除吊篮故障和事故隐患后方可重新投入使用

2. 工程监理的审查要求

施工监理对程序工作的审查重点和吊篮二次组装合格的判定，见表 3-18。

吊篮进场程序审查与吊篮二次组装合格判定　　　　　　　表 3-18

序号	审查重点	审 查 要 求
1	工作程序	对吊篮安装、验收、使用履行程序监督和节点工作检查职责。吊篮在进场安装前，吊篮产权单位（包括吊篮租赁单位和自有吊篮的使用单位）首先应向监理单位、总包单位、使用单位提供必要的报审资料（加盖公章的复印件）。驻地项目若有行政依据对吊篮实施备案登记，应向驻地监管机构办理产权备案
2	资料审核	监理、总包、使用单位应审核吊篮服务方资料，合格后允许吊篮进场安装。吊篮产权单位同时属于租赁单位时，产权单位还应提供与使用单位签订的租赁合同，租赁合同中应明确双方的责权与安全管理范围。 吊篮服务方一般应提交以下资料： （1）企业法人营业执照副本； （2）吊篮专业技术人员、安全管理人员、专业维修人员名单。开展吊篮安拆业务的，还应提供吊篮安装拆卸工名单（吊篮安装拆卸人员应持有建设行政主管部门颁发的"建筑施工特种作业操作资格证"）； （3）吊篮安全质量管理制度； （4）吊篮设备清单； （5）其他需备案的资料（驻地有行政依据并要求提供的）； （6）吊篮（整机）产品合格证； （7）吊篮出厂型式检验报告及产权单位委托有资质的检测机构进行的抽检报告（一般情况下，每个型号抽 1 台，有效期 2 年）；地方另有规定的应从其规定； （8）吊篮用钢丝绳质量证明文件； （9）高处作业专用安全绳的检测报告； （10）安全锁有效期内检验证明（新出厂安全锁，自出厂之日起 12 个月之内有效）
3	合格判定	性能项目：符合《高处作业吊篮》GB/T 19155、《高处作业吊篮安装、拆卸、使用技术规程》JB/T 11699 规定的技术要求。 外观项目：吊篮篮体、电控箱不得锈蚀。吊篮控制箱无破损，箱内连线整洁无杂物，上下行按钮标识。下降装置手柄完好，灵活有效；防护罩完好牢固。平台底部挡板高度不小于 150mm，挡板与地板间隙不大于 5mm。安全锁、限位开关防护盖完好，铭牌清晰。钢丝绳完好无锈蚀，无断股。配重块完整无残缺，并有重量标识。安全大绳完好无断股，自锁器与安全大绳能够匹配。绳坠重锤样式统一（圆柱形），大小一致，无缺角现象，绳坠（重锤、坠砣）下沿距离地面 10~20cm 安装牢固

五、进场验收

1. 吊篮禁用和禁止类规定（表3-19）

禁止类活动或工作   表3-19

序号	工作重点	具 体 要 求
1	禁止类活动	未经进场验收、安装验收和安全检查的吊篮，严禁用于工程； 严禁使用不合格吊篮、禁止用钢管材料现场自制土吊篮； 禁止现场改造吊篮支架及主要部件，改变原厂的安全设计； 禁止可能改变吊篮标定性能参数的一切改造活动； 严禁使用严重破损的配重件； 严禁使用液体或散状物体做配重填充物； 严禁利用施工现场物料临时替代标配配重部件； 严禁将安全大绳系挂于建筑结构之外的其他临时设施或吊篮支架上； 禁止违反吊篮安全操作规程、高处作业安全规范； 禁止将工作钢丝绳与安全钢丝绳悬挂于同一吊点； 禁止使用U形卡环悬吊工作钢丝绳和安全钢丝绳
2	禁用类产品	属于国家明令淘汰或禁止使用的吊篮产品及零部件； 超过安全技术标准、制造厂家及有关要求规定的使用年限的吊篮； 经检验达不到国家和行业安全技术标准规定的吊篮； 没有齐全有效的安全保护装置的吊篮

2. 进场验收工作重点与相关要求

吊篮验收工作重点与相关要求，见表3-20。

吊篮验收工作重点与相关要求   表3-20

序号	审查重点	工 作 要 求
1	整机验收	入场吊篮应具有出厂合格证、型式检验报告、使用说明书及管理档案；安全限位保护装置齐全有效；产品铭牌和吊篮提供单位编号清晰可见
2	安全装置	安全锁必须按国家标准送有资质的检测机构或厂家检定合格后方可使用。检定有效期限不得大于12个月（新出厂的安全锁自出厂之日起12个月内有效）。检测标定标识应固定在安全锁的明显位置处，同时检测标定报告应在安全管理资料中存档
3	整机状况	根据业内惯例，吊篮整机使用更新期一般为6年。对于超年限但状况尚好的吊篮，应经专业机构检验合格，根据当地监管要求并在其指导下可继续使用，检验不合格的应作报废处理
4	验收记录	进场的吊篮由吊篮使用单位会同吊篮产权单位、安拆单位、监理单位共同验收，由施工单位填写吊篮检查验收记录，经参与验收各方签字后，监理单位、施工单位、租赁单位、拆装单位各存一份。 注：实行施工总承包或吊篮使用单位由建设单位直接分包的，由总承包单位或者建设单位负责组织吊篮进场验收。 对于吊篮进场验收有重大争议的，吊篮产权单位应委托专业机构检验，各方据检验结果协商处理，允许吊篮服务商调配其他合格吊篮应急入场

序号	审查重点	工 作 要 求
5	验收内容	（1）吊篮设备档案台账，包括并不限于：厂家、出厂日期、购机日期（购机合同）、检修记录、质量状况等； （2）吊篮及重要部件（提升机、安全锁）编号、吊篮使用及维保情况； （3）近三年的吊篮整机型式检验报告、随机出厂合格证、吊篮使用说明书（说明书中应标明各关键零件材质技术要求，主要承载构件截面与壁厚尺寸等技术参数）； （4）吊篮整机使用年限、安全锁有效标定证明、吊篮钢丝绳质量合格证明，严禁使用超过有效标定期而未标定的安全锁； （5）组装吊篮提升机、安全锁、电控箱等关键件质检合格文件，吊篮服务商签发的同意现场组装和二次移位组装的授权文件、作业指导文件； （6）吊篮结构件的焊缝、裂纹、变形、磨损等以及钢丝绳的外观，应符合现行 GB/T 19155 标准的规定； （7）吊篮结构件的实际壁厚和截面尺寸的偏差，不得大于吊篮产品使用说明书中标明的设计壁厚 10% 和设计截面尺寸 5%； （8）吊篮配重重量必须符合吊篮生产厂家的设计规定和安装规定； （9）吊篮及主要部件（提升机、安全锁、电控箱）维保记录齐全真实

第六节 作 业 安 全

一、安全管理

吊篮安全管理工作重点与相关要求，见表 3-21。

吊篮安全管理工作重点与相关要求　　　　　　　　　　表 3-21

序号	审查重点	工 作 要 求
1	作业清场	吊篮使用范围内设置明显的安全警示标志，对危险区域做安全防护，严禁交叉作业、严禁将吊篮用作垂直运输设备，吊篮作业下方严禁站人。 由业主或总包单位划定安全作业隔离区域，检查识别作业障碍或潜在障碍物并逐一排除，提供安装条件，对安装区域保障条件验收交接
2	人员防护	吊篮上的使用人员必须配备独立于悬吊平台的安全大绳（也称：生命保险绳）及安全带，安全大绳（俗称：保险绳、生命绳）应使用锦纶安全绳，且应固定于有足够强度的建筑结构上，严禁直接固定于吊篮悬吊平台
3	设备检查	吊篮内应设置限载限人和安全操作规程标志牌，每台吊篮内的空中作业人数应遵守产品说明书的载荷规定（一般情况下，同时作业人员不超过 2 人）。严禁超载使用，严禁擅自改装加长平台及其他改变产品说明书规定参数的改装行为
4	操作安全	使用人员在作业中要严格执行有关标准规范和操作规程，严禁违章操作，严禁作业人员直接从建筑物窗口等位置上、下处于高处的吊篮。严禁悬吊平台内采用垫高物登高或攀登作业
5	空中动火	吊篮内严禁放置氧气瓶、乙炔瓶等易燃易爆品，利用吊篮电焊作业时，应采取防火措施，严禁用吊篮做电焊接线回路
6	安全机位	在架空输电场所，吊篮任何部位与输电线的安全距离应不小于 10m。必要时应与供电部门联系并采取安全防护措施后方可使用吊篮。吊篮支架支撑处的建筑结构应满足安全架设所需强度要求，经业主结构工程师和吊篮厂专业工程师验算确认

二、巡检巡查

吊篮巡检巡查工作重点与相关要求，见表3-22。

吊篮巡检巡查重点与相关要求　　　　　　　　　　表3-22

序号	审查重点	工 作 要 求
1	日常巡视	现场设备管理人员认真执行操作规程，做好施工方案中设备配置、机位布置，预防和协调好潜在的高空外立面作业干涉和交叉作业，做好安全作业的周界管理和清场工作。 加强日常巡视和作业监视巡查，及时纠正各类违章，记录施工日志。吊篮现场维护人员（生产或租赁）入场应佩戴安全帽、安全带，负责每日逐台进行吊篮安全状况巡查并作好记录。对发现的故障吊篮应及时维修并作好记录，配合项目部做好现场上篮操作人员作业前技术交底和安全培训，按时上交巡查记录、交底记录、维修保养记录
2	作业前检查	驻场管理人员每班作业前对吊篮进行一次全面检查，每日作好记录，使用方安全员每日对吊篮巡检；指定专职电工每天上班前对吊篮电气系统检查，专职安全人员检查配重块（必须固定好）、安全绳、安全锁，确认无误后方可上机作业
3	作业中巡查	授权并指定专人进行作业中巡视检查，推荐将吊篮安装机位地点或架设区域（例如屋面）封闭围挡，除检查维修人员外，其他人一律禁入。 遇现场实施多工种交叉作业时，应设专人看护。检查作业人员应正确佩戴安全帽，正确系挂安全带；严禁酒后作业
4	维护与检修	建立设备档案和检查日志，逐一清点登记吊篮组件完好情况，严禁挪作他用，严禁不同品牌部件混用，严禁将现场材料替代吊篮部件错用。吊篮厂家必须有专职维修人员在现场，对故障吊篮及时维修。严禁使用故障吊篮。每天作业完毕吊篮应稳妥停放在自然地平面或施工最低处

三、应急处置

遇恶劣天气的情况下，驻工地吊篮技术人员应指导现场操作人员采取合理的应对措施。吊篮恶劣天气作业应急处置重点与注意事项，见表3-23。

吊篮应急处置重点与注意事项　　　　　　　　　　表3-23

序号	应对重点	具 体 要 求
1	雨雪施工	冬季雪天，吊篮施工前应反复在距地高度不超过3m处进行上下测试运行，检查确认无打滑现象后施工，再行升降作业。 将吊篮的左右提升机应用防雨布包裹，并在电缆线的接口处用防水胶布密封防止雨水侵入电机。电控箱各插接口也须用防水胶布粘贴。电缆线所有接头用防水胶布缠绕
2	雷电天气	天气预报雷雨及大雪到来之前，需重复彻底检查吊篮的接地情况。 雷电雨及大雪天，立即停止施工，并将吊篮下降到地面或施工面的最低点与牢固的建筑物连接固定稳妥
3	有风作业	风速8.3m/s（五级以上）大风，立即停止施工。 高空作业突遇强风时，吊篮内操作人员应立即在相应楼层用连接固定工具将吊篮平台与建筑物牢固处连接固定，再从相应楼层安全位置走出吊篮，待风力减弱时，再将吊篮下降到地面或最低处施工面

序号	应对重点	具 体 要 求
4	设备防护	吊篮平台侧栏上应安置必要的应急防护绳索或挂钩等工具，方便随时与建筑物连接固定。吊篮平台靠建筑物一侧，可用海绵物包裹，起到缓冲作用，防止平台在有风的情况下碰撞建筑物，造成不必要损失
5	人员防护	悬吊平台操作人员须穿防滑鞋和绝缘电工专用鞋。安全防护用品佩戴齐全正确，安全大绳与建筑主体结构可靠挂接，安全带扣与安全大绳可靠挂接。作业中与地面人员、安全专职人员通讯保持畅通，服从安全调度指挥

四、安装作业

安装作业的安全注意事项，见表3-24。

吊篮安装作业的安全注意事项　　　　表 3-24

序号	重点	具 体 要 求
1	安全交底	安装作业人员应按施工安全技术交底的内容进行作业
2	专人监督	安装单位的专业技术人员、专职安全生产管理人员应进行现场指导与监督
3	作业警戒	吊篮安装作业范围应设置警戒线或明显的警示标志。非作业人员不得进入警戒范围
4	作业防护	进入现场的安装作业人员应佩戴安全防护用品。高处作业人员应系安全带，穿防滑鞋。安装吊篮的危险部位时应采取可靠的防护措施。作业人员严禁酒后作业、严禁服用可能影响健康和登高作业的药物
5	统一指挥	安装作业中应明确分工，统一指挥。当指挥信号传递困难时，应使用对讲机等通信工具进行指挥
6	不良工况	当遇到雨天、雪天、雾天或工作处阵风风速大于8.3m/s（五级风）等恶劣天气时，应停止安装作业。夜间应停止安装作业
7	用电安全	电气设备安装应按吊篮使用说明书的规定进行，安装用电应符合《施工现场临时用电安全技术规范（附条文说明）》JGJ 46 的规定。吊篮电气系统应可靠接地，接地电阻应不大于4Ω

第四章 组 装 拆 卸

第一节 工 作 准 备

一、制定安装调试方案，落实作业队伍

结合现场具体情况合理配置吊篮，合理布置设备机位。采用吊篮厂家推荐的悬挂机构架设方法，制定详细的安装调试方案。落实作业人员资格，培训作业方案，熟悉操作规程。

根据选定的现场布设方案，验算吊篮配重悬挂支架的安全系数，该系数应不小于3，方能保障吊篮安全使用。具体验算示例，见本节"三、悬挂系统抗倾覆安全验算"。

具体要求，见表4-1。

安装前的准备工作 表4-1

序号	工作重点	具 体 要 求
1	安装调试方案	涵盖悬挂装置施加在建筑物的最大荷载；悬挂装置固定/锚固要求；组装和拆卸说明；防止不同规格组件混淆的信息标识标注；动力源和接地保护信息；安装钢丝绳说明；确保悬挂装置位于平台正上方的说明；使用前合格人员对吊篮检查的说明；对吊篮附近危险区域的保护措施；吊篮使用与维护需要的空间等内容
2	安拆人员选配	安拆人员应经过专业培训合格，安拆特种作业人员应符合从业准入规定，持住建部门特种作业资格证上岗
3	安全交底培训	安装吊篮人员必须接受安全交底、岗前培训，严格按照吊篮安装施工方案、产品使用说明书和经批准的有关作业方案执行

二、复核吊篮安装条件

吊篮的安装、拆卸与使用应满足《高处作业吊篮安装、拆卸、使用技术规程》JB/T 11699—2013规定，安装条件要求，见表4-2。

吊篮安装条件要求 表4-2

序号	控制重点	具 体 要 求
1	屋面承载能力	架设吊篮标准悬挂支架的屋面承载能力应满足使用说明书的要求。 特殊悬挂支架安装作业前，应由业主或总包单位的结构工程师对基础支撑结构进行承载验算和安全确认
2	基础验收确认	安装单位应根据工程总包单位提供的吊篮基础验收表、隐蔽工程验收单和混凝土强度报告等基础资料，确认所安装的吊篮特殊悬挂支架的基础、屋面结构承载能力、预埋件、锚固件等符合吊篮安装、拆卸工程专项施工方案的要求。总包单位、监理单位和安装单位应在吊篮安装前参见附录A对基础进行验收，合格后方能安装

序号	控制重点	具　体　要　求
3	安装环境核实	周边防护（屋顶、洞口、临边、立面等）按照《建筑施工高处作业安全技术标准》JGJ 80—2016对安全防护设施检查验收，防护到位后交付安装工序。 按产品说明书要求核实悬挂机构安装位置及建筑物的承载能力。 查看吊篮的周围环境及影响安装和使用的不安全因素。 核实现场的配电和供电符合说明书要求。 有架空输电线场所，吊篮任何部位与输电线的安全距离应不小于10m。 钢丝绳的完好性应符合说明书要求；电气系统应齐全、完好
4	随机资料收集	吊篮安装前安装单位应查验吊篮的产品合格证及随机资料
5	部件清点核对	不得使用自制吊篮，不得自制零部件或非同一厂家零部件组装整机； 吊篮安装前，安装单位应对各部件进行清点、核对及检查。提升机、安全锁和整机标牌及安全警示标志应清晰、完整。对有可见裂纹的构件应进行修复或更换；对锈蚀、磨损和变形超标的构件应进行更换；对达不到原厂规定的零部件、紧固件的替代品一律进行更换。不得少配、漏配制造厂所配全部零部件；不得采用代用品替代原厂零部件；不得不同厂家的零部件混装整机；不得用小尺寸或低强度等级的连接件代替大尺寸、高强度等级的连接件
6	安全检查检测	吊篮安装前，安装单位应对安全装置进行检查，确保其齐全、有效、可靠；安全锁在有效标定期内。安装作业前，安装单位应对用于安装悬挂支架的锚固件、后置埋件承载能力进行检测，合格后方可安装
7	安全技术交底	安装作业前，安装技术人员应根据吊篮安装、拆卸工程专项施工方案和使用说明书的要求，对安装作业人员进行安全技术交底，并由安装作业人员在交底书上签字。 安全技术交底应主要包括以下技术内容：吊篮的性能参数；安装、拆卸的程序和方法；各部件的连接形式及要求；悬挂机构及配重的安装要求；作业中的安全操作措施和应急预案

三、悬挂系统抗倾覆安全验算

《高处作业吊篮》GB/T 19155—2017中，吊篮悬挂系统抗倾覆安全系数规定不小于3。施工专项施工方案中，应根据现场吊篮布设方案，验算配重悬挂支架的安全系数。高处作业吊篮悬挂机构安装计算模型，如图4-1所示。

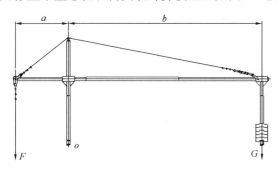

图4-1　高处作业吊篮悬挂机构安装计算示意

计算示例如下：

案例：某工地建筑施工高度160m，采用一台ZLP630吊篮进行外立面施工采用屋顶架设方式。具体架设方案：前梁悬伸长度a为1.5m，前后支座间距b为4.6m，标配悬吊工作平台长度6m（含：平台、提升机构、安全锁、电气箱）的总质量480kg，悬吊平台内作业人员2名，进场配重块总计900kg，两侧悬架后配重箱插杆支架的质量各50kg，配置电缆长度180m，请验算安装后吊篮悬挂系统的抗倾覆系数K是否在安全范围内？

答：经查阅吊篮说明书和相关手册，入场 ZLP630 吊篮所用钢丝绳密度为 0.24kg/m，所用电缆密度为 0.40kg/m，额定载荷 630kg。计算模型如图 4-1 所示。

采用《高处作业吊篮》GB/T 19155—2017 中的抗倾覆安全系数验算公式：$K=\dfrac{G\times b}{F\times a}$

所需数据计算如下：$a=1.5m$，$b=4.6m$

$G=900kg+2\times50kg=1000(kg)$（注意：$G$ 为配重块+配重箱架体的总质量）；

$F=630kg+480kg+(160m\times4$ 根 $\times0.24kg/m)+(180m\div2\times0.40kg/m)$

注意：$F=$ 额定荷载+悬吊平台总质量（包括：平台、提升机构、安全锁、电气系统、钢丝绳）+1/2 悬挂电缆质量之和。

钢丝绳总计 4 根：2 根工作钢丝绳、2 根安全钢丝绳

将以上数据代入抗倾覆安全系数验算公式，可得：

抗倾覆系数 $K=2.36<3$，属不安全范围。

现场工程师提出如下安全改进方案：

对照《高处作业吊篮》GB/T 19155—2017 的"抗倾覆安全系数大于 3 的要求"，经分析，原因是进场配重块数量不足。应采取"增加配重块"等安全措施，并及时补充进场配重块 400kg 装配，验算后抗倾覆系数 $K=3.3>3$，能够保障吊篮安全使用。

若现场屋面承载力不足，也可采取扩大配重架着地面积或委托原吊篮企业设计计算并定制加长的横梁，增加后端臂长度，以及其他适合的产品定制安装方案。

四、确认符合安装要求

1. 安装悬挂支架

（1）标准悬挂支架的安装

对于标准型悬挂支架吊篮，现场安装条件符合产品使用说明书的常规工况规定，应结合施工方案，按使用说明书规定程序步骤依次安装。

相关要求，见表 4-3。

标准悬挂支架的安装要求　　　　　　　　　　　　　　　　表 4-3

序号	控制重点	具 体 要 求
1	支架来源	标准悬挂支架应由吊篮厂随整机配置提供，按使用说明书架设安装。 禁止对吊篮标配支架的改装活动、严禁以临时支架替代原厂支架
2	结构件	主要结构件达到报废条件，腐蚀、磨损等原因使结构的计算应力超过原计算应力10%，或腐蚀深度达到原构件厚度10%时，悬挂机构整体失稳后或主要受力构件产生永久变形而不能修复时，应及时报废更新
3	支撑体系	前梁外伸长度应不大于产品使用说明书规定的上极限尺寸。 悬挂机构横梁安装的水平度差应不大于横梁长度4%，严禁前低后高。前、后支架与支承面的接触应稳定牢固。一台吊篮的两组悬挂机构之间的安装距离应不小于悬吊平台两吊点间距，其误差不大于 100mm。 应按产品使用说明书要求调整加强钢丝绳的张紧度。 应使用吊篮说明书规定的配重，配重应有重量标志、装配整齐牢固

续表

序号	控制重点	具 体 要 求
4	架设高度	前后支架的组装高度与女儿墙高度相适应，严禁故意省略前支架将横梁直接借助女儿墙或其他支撑物上作为受力支点。当施工现场无法满足产品使用说明书规定安装条件时，应采取相应安全技术措施，确保抗倾覆力矩、结构强度和稳定性均达到标准要求
5	特殊环境	有架空输电场所，吊篮的任何部位与输电线的安全距离应不小于10m，如果条件限制，应与有关部门协商，并采取安全防护措施后方可架设
6	安全校核	（1）当前梁安装高度超出标准悬挂支架的前梁高度时，应校核其前支架的压杆稳定性。抗倾覆系数＞3，方可使用。 （2）当现场出现前梁外伸长度超出标准悬挂支架上极限尺寸的安装工况时，采用定制非标悬挂支架。此时应校核其强度、刚度和整体稳定性；并模拟单边承受悬吊平台自重、额定载重量及钢丝绳自重工况，实测其相对于空载工况的侧向变形增加值，其值不宜超过前梁外伸长度的1/100。 （3）吊篮机位支撑基础检验，见附录2《高处作业吊篮基础检验记录表》

（2）特殊悬挂支架的安装

当现场因空间条件受限无法使用标准吊篮支架时，应立即协调吊篮企业定制特殊型吊篮或与现有型号吊篮配套的定制型特殊支架，按吊篮企业产品说明书组装。

相关要求，见表4-4。

特殊悬挂支架的安装要求　　　　　　　　　　　　　　　表4-4

序号	控制重点	具 体 要 求
1	支架来源	当现场确实无法满足上述常规情况安装条件时，必须咨询并委托吊篮制造厂由专业工程师设计专用加长横梁或在其指导下增加配重块数量及其他必要的安全补偿措施，满足横梁强度及刚度要求，满足整机稳定与抗倾覆系数大于3的要求。 特殊悬挂支架应由用户根据现场实际需求，委托入场吊篮的原制造厂定制加工，由吊篮厂工程师设计验算，在其说明书指导下完成安装。 现场禁止任何以改变吊篮工作参数，违反安装说明书规定的改装行为
2	支撑体系	当悬挂机构的载荷由屋面预埋件或锚固件承受时，其预埋件和锚固件的安全系数应不小于3； 机械式锚固悬挂架的抗倾覆系数应符合《高处作业吊篮》GB/T 19155—2017 的规定； 固定悬挂架与建筑结构连接强度应符合《高处作业吊篮》GB/T 19155—2017 规定结构安全系数； 安装墙钳支架的女儿墙应能承受单边悬挂悬吊平台时的悬吊平台自重、额定载重量及钢丝绳的自重；女儿墙钳架的稳定系数应不小于3； 吊篮机位支撑基础符合要求，见附录1《高处作业吊篮基础检验记录表》
3	悬挂轨道	临时悬挂轨道安装应符合被批准安装图样的要求，轨道与预埋件或预埋支架的连接安装牢固可靠，不得松动，锚固件进行防锈处理
4	结构件	主要结构件达到报废条件，腐蚀、磨损等原因使结构的计算应力超过原计算应力10%，或腐蚀深度达到原构件厚度10%时，悬挂机构整体失稳后或主要受力构件产生永久变形而不能修复时，应及时报废更新
5	特殊环境	有架空输电场所，吊篮的任何部位与输电线的安全距离应不小于10m，如果条件限制，应与有关部门协商，并采取安全防护措施后方可架设

2. 完善现状条件，实现达标安装

现场安装工况条件可分为：现场选取常规架设机位、改造提升完善现场现状达到安装机位条件、利用建筑既有结构安装条件等三种方式，相关要求，见表 4-5。

吊篮机位架设方式选择与安装要求 表 4-5

序号	机位选择方式	具 体 要 求
1	现场选取常规机位，达到架设条件	遵照施工方案，基于工地现状条件，优先选择满足吊篮使用说明书规定的现场机位，以吊篮厂推荐标准架设方式，实施常规架设安全机位
2	改造提升完善现场现状，达到安装机位条件	当现场无法利用既有空间和点位安装吊篮支架时，应首先由业主和现场总包单位采取土建专业可靠技术措施，在吊篮专业技术人员指导下，提供可靠安全支撑点位和作业空间，达到吊篮常规安装条件，对土建专业可靠技术措施单独验收后，再实施吊篮安装作业
3	利用建筑既有结构，达到安装条件	利用建筑物结构（如女儿墙、钢结构梁柱等）作为吊篮支架支撑或连接点实施吊篮安装的，应征得业主结构工程师的书面允许。绝对禁止现场使用临时焊接支架、以其他非原厂支架替代配支架、临时组装支架以及其他改变吊篮额定参数和安装工况的违章活动

3. 升降路径无干涉物，外立面无交叉作业的风险

相关要求，见表 4-6。

安 装 要 求 表 4-6

序号	控制重点	具 体 要 求
1	交叉作业	检查吊篮升降作业路径区域的凸出物和无关设施，提前清理。就立面作业内容与监理或业主代表沟通，避免与其他单位产生交叉工序
2	区域围挡	确保吊篮作业区域正下方已正确设置作业区域通告信息，并采取适当围挡和限制无关人员闯入的措施

五、部件装配检查验收

吊篮一机一档与部件装配清单检查验收的相关要求，见表 4-7。

检查验收要求 表 4-7

序号	控制重点	具 体 要 求
1	待装结构件	检查入场吊篮随机组件装配单，清点核对。检查所有待装结构件有无明显弯曲、扭曲或局部变形；检查焊缝有无裂纹、裂缝；检查受力构件表面锈蚀情况。对存有缺陷的构件必须更换或修复后再用。不得少装或漏装制造厂所配全部零部件；不得采用代用品顶替原厂零部件；不得将不同吊篮厂家的零部件混装成整机；不得用小尺寸或低强度等级的连接件代替大尺寸、高强度等级的连接件
2	检查悬挂机构	悬挂机构的前横梁外伸悬臂长度、前后支架间距、配重数量等，必须严格按照"产品使用说明书"的要求进行安装。其前横梁的外伸长度不得大于厂家规定的最大极限尺寸；前后支架间距不得小于厂家规定的最小极限尺寸；配重块数量不得少于厂家规定数量，且与后支架之间的联接必须稳定可靠。悬挂机构的加强钢丝绳安装前应检查纤绳是否损伤或缺陷；确定合格后按要求安装绳夹。张紧纤绳保持松紧状态适当，纤绳过松会使横梁受力过大，纤绳过紧会使横梁失稳破坏，导致危险发生

序号	控制重点	具 体 要 求
3	工作钢丝绳，安全钢丝绳	工作钢丝绳和安全钢丝绳安装前应逐段检查，目测有无损伤或缺陷，对附在绳上的涂料、水泥、玻璃胶等污物须及时清理；对存在断丝、锈蚀严重或变形等缺陷达到报废标准的钢丝绳必须立即更换。钢丝绳不能涂抹油脂，钢丝绳类型、规格尺寸、破断拉力等指标应符合《产品使用说明书》的规定
4	安全大绳（生命绳、保险绳）	安全大绳（俗称生命绳、保险绳）在安装前应逐段检查有无损伤。将确定合格的安全大绳独立固定在屋顶建筑结构可靠固定点上，安全大绳不得挂接于吊篮支架上。安全大绳绳头固定必须牢靠，在接触建筑物的转角处采取有效保护措施，避免被磨断
5	驱动装置安全锁通讯设施	提升机安装前必须确定已完成规定周期内的检修保养，功能完好并检查合格。安全锁安装前必须确定是否在有效标定期内，安装后对安全锁的性能进行测试。防坠落装置的有效标定期为1年，在测试、检查和维修如需安全装置或电气装置暂时失效时，在完成测试、检查和维修后应立即将这些装置恢复到正常状态
6	连接件紧固件	吊篮连接采用螺栓时，应符合产品设计和说明书规定。一般情况下，制造厂吊篮连接螺栓为8.8级高强螺栓，使用时加垫圈和弹性垫圈。结构件采用销轴连接方式时，销轴应由吊篮厂按原设计提供。销轴必须用开口销锁定，防止脱落
7	电气系统、防护标识说明	吊篮防护标志标识应齐全完整，按规定位置设置于醒目处。平台内禁止放置氧气瓶、乙炔瓶等易燃易爆品。吊篮配电箱应加锁，钥匙由专人管理，禁止利用吊篮电路接线用于焊接、电焊作业

第二节 安 装 流 程

一、安装与验收流程

（一）施工准备

施工准备主要事项和相关要求，见表4-8。

施工准备主要事项和相关要求   表4-8

序号	控制重点	具 体 要 求
1	清点检查	经过专业人员维修保养、检查测试合格的吊篮设备，按合同清点，备齐随机文件、备品备件、安装器具等，做好运送至作业现场的准备工作
2	现场踏勘	现场应清理施工作业面及吊篮架设机位区域的杂物，消除坠物伤人隐患；在安全条件允许前提下，拆除妨碍吊篮安装和运行的部分脚手架安全网
3	运输存贮	备好吊篮临时存放场地，现场设立零部件保管库房，提前协调好部件搬运通道，落实吊运吊篮支架用的垂直运输起重设备
4	电源就位	由现场吊篮使用单位或分包单位提供专用电源，设专用规范化配电箱。吊篮安装作业范围内设置必要的围栏和警示标识
5	协调进场	按合同准时发货至现场，由吊篮租赁服务方和吊篮使用方，按照合同约定落实现场配合条件，安排人员搬运到位，协调完成架设工作

（二）安装流程

吊篮安装架设作业流程，如图 4-2 所示。

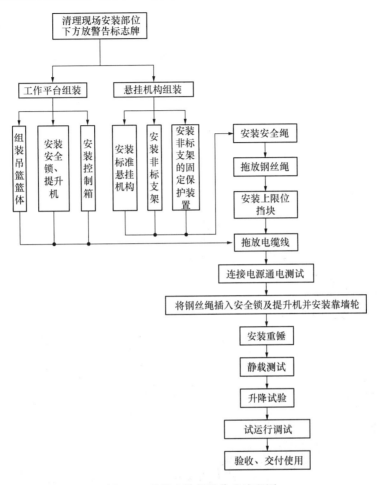

图 4-2 吊篮安装架设作业流程图

（三）吊篮首次安装后的现场验收

根据《高处作业吊篮》GB/T 19155—2017 的规定，应进行相关检验和功能测试以确认吊篮已经正确组装，实现特定功能要求且所有安全部件运行正常。这些安全部件包括：急停装置、超载检测装置、防倾斜装置、起升限位开关、极限开关、下降限位开关、钢丝绳终端极限限位开关、收绳器失效限位开关、三相电源保护（接触器等）、物料起升机构载荷高度限位开关、降级起升机构（防止起升，允许下降）等。

首次进场安装验收检查项目及要求，见表 4-9。

首次进场安装验收检查项目及要求　　　　　　　　　　　表 4-9

序号	类　　别	主　要　要　求
1	非配重型式悬挂支架的检查或检验	覆盖所有的建筑结构支撑点、锚固点，对预埋件 100%检查，对化学锚栓、膨胀螺栓 100%检测

续表

序号	类　别	主　要　要　求
2	吊篮安装正确性检查	悬挂支架、配重、安装架、平台、提升机安装、安全锁安装、钢丝绳完好性
3	吊篮功能性检查	按说明书的要求检查升、降、滑降等规定的产品功能
4	安全保护装置检查	主制动器、安全锁、限位开关、极限限位开关。 下降限位开关（施工工况需要时安装下行防撞装置）
5	电气系统检查	供电电缆、供电箱配置

使用前，合格人员应签发确认吊篮完整性移交证明。所有检查检测/试验结果应作记录并形成报告（含检查人员的姓名、职称、单位和日期）。

正确组装完成的吊篮各主要部件及装置的连接布局，如图4-3所示。

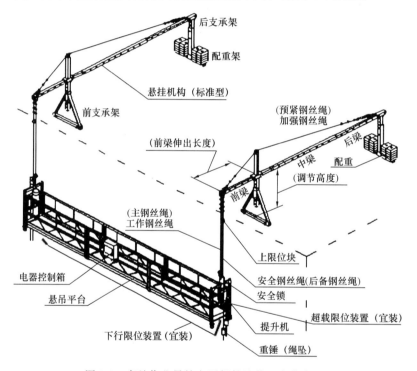

图4-3　高处作业吊篮主要部件及装置安装布局

特殊施工工况需要时，安装下降限位开关（下行防撞装置）。

第三节　悬挂机构的安装

悬挂机构是架设于建（构）筑物作业面的顶部支承处，通过钢丝绳来承受工作平台、额定荷载等重载的钢结构架。悬挂机构施加于建（构）筑物支承处上的作用力应符合建筑结构的承载能力要求，吊篮机位支撑基础检验结果，记入附录2《高处作业吊篮基础检验记录表》。

对常规工况、特殊工况及特殊定制型吊篮的安装活动，均应遵循被批准的专项安装方案，按吊篮厂的产品使用说明书、安装指导文件的要求实施。

1. 常规工况下标准型吊篮的常见安装顺序

悬挂机构一般安装于建（构）筑物的顶面，将悬挂机构的零配件、组件和钢丝绳吊至顶面后，在选定的位置进行安装。

标准型吊篮一般采用杠杆式悬挂装置，其常规架设，如图4-4所示。

一般情况下，吊篮悬挂支架安装顺序与各部件组装关系，如图4-5、图4-6所示。

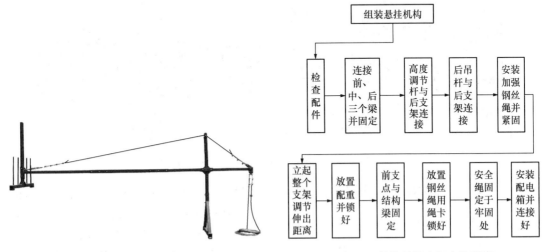

图 4-4　常规架设的杠杆式悬挂装置

图 4-5　吊篮悬挂支架安装顺序

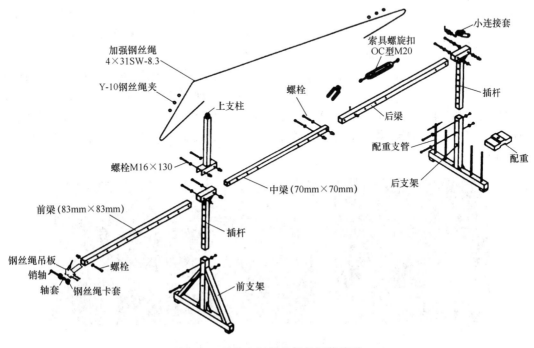

图 4-6　悬挂支架的各部件组装关系

2. 安装流程

（1）将悬挂装置预先运至按屋面指定处，核对零部件确认齐全。将调节插杆插入前支架套管内，工作高度可调节在1.15～1.75m的范围（具体要求应查阅吊篮说明书），用螺栓固定。后支架采取同样步骤安装完成。保持前后支架高度基本一致，使悬挂装置整体呈前高后低的稳定状态，如图4-7所示。

图4-7 悬挂装置部件就位，装配成整体呈前高后低的稳定状态

（2）前梁从调节插杆套管内插入，调整至适当的伸出长度，最大伸出长度不超过吊篮说明书规定的伸出限值（一般限值为1.7m）；上支柱安装在前支架上方，由螺栓连接固定。中梁、后梁及后支架插杆，分别安装于插杆套管内，接口处不得少于两孔，由螺栓连接固定。悬挂支架各部件安装位置，如图4-8所示。

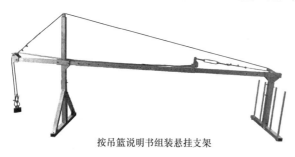

按吊篮说明书组装悬挂支架

图4-8 悬挂支架各部件安装位置示意图

（3）钢丝绳吊板连接套（也有采用楔形套形式）及加强钢丝绳安装时，将加强钢丝绳与前端吊板处连接套连接固定，另一端经上支柱绳轮至后支座连接套与锁具螺旋扣固定，调节螺旋扣螺杆，绷紧加强钢丝绳。安装加强钢丝绳，检查张紧度和绳扣，如图4-9所示。

图4-9 安装加强钢丝绳，检查张紧度和绳扣

（4）工作钢丝绳和安全钢丝绳应分别固定在吊板的不同销轴上，工作钢丝绳和安全钢丝绳不得装于同一吊点（或同一销轴之上）。钢丝绳卡扣不得少于三只，间距 5～8d，方向一致，卡扣要正确安装。限位挡块安装于安全钢丝绳顶部，确认无误后，将吊臂前面的支承板伸出作业墙面 600mm，另一支吊点按同样步骤安装。两吊点的间距应与平台的长度保持一致，误差不大于 100mm，调整完毕后在受力点处垫置木块，装配足够数量的配重块。安装钢丝绳吊板或楔形连接套、穿绕钢丝绳等，如图 4-10 所示。

图 4-10　安装钢丝绳吊板、楔形连接套、穿绕钢丝绳

（5）初次安装、每次移位安装、移位时，悬挂机构必须进行安全验算，满足抗倾斜安全系数 $k \geqslant 3$。吊臂前支承伸出并固定安装，如图 4-11 所示。

图 4-11　吊臂前支承伸出固定安装

3. 控制要点

（1）根据女儿墙高度和作业需求，确定前后支架的正确组装高度，后支架与承重架用螺栓或销轴连接，采用可靠防松措施。

（2）安装地面应选择水平面，并将前、后支座脚轮用木楔楔紧固定。如支架安装面是防水保温层面时，应在前、后支座下加垫厚度 2.5～3cm 的木板，以防损坏防水保温层。

（3）调试悬挂支架并调节支座高度，使其前梁下侧面略高于女儿墙（或其他障碍物）高度，以充分适应外立面作业需求。在现场条件允许的情况下，悬挂机构定位后，应在前梁伸出端下侧面与女儿墙之间加垫木块并可靠固定，以改善安全受力状态。

（4）前梁伸出端悬伸长度应在额定调整范围内，超过额定悬伸长度时，须采取可靠加强措施并减少额定工作载荷，经现场安全责任人确认后方可使用。

（5）前、后支座间距在场地允许条件下，应尽量调整至最大距离。

（6）两支架间距应调至以前梁悬伸端点间距小于悬吊平台长度 3～5cm 为宜。

（7）张紧加强钢丝绳时，适当提高前梁安装高度，使前梁略上翘 3～5cm，产生预应力改善整体受力状态。

（8）装夹钢丝绳时，绳夹数量不少于 3 个。绳夹应从吊装点处开始依次夹紧。末端绳夹和前一绳夹间，应使钢丝绳有少许拱起。绳夹螺母拧紧时，应将钢丝绳夹扁至 $1/2$～$1/3d$。

（9）垂放钢丝绳时，严禁将钢丝绳成盘下抛。地面余量钢丝绳应仔细盘好扎紧，不得任意散放地面。

（10）悬挂支架定位后，应将前后支座垫放在木板上，做好屋面防水层成品保护。

（11）加载配重块时，配重块数量应根据前梁悬伸长度、前后之座间距离和悬吊载荷计算确定。常规情况下安装支架和配重块，如图 4-12（a）、图 4-12（b）所示。

(a)　　　　　　　　　　　　(b)

图 4-12　常规安装配重块，生命绳与建筑结构可靠挂接

（a）清点并组装配重块；（b）固定配重块，系挂安全大绳，钢索拉结后支架

4. 非常规工况下安装特殊定制型吊篮

特殊定制型吊篮一般适用于非常规工况安装，主要发生在不规则屋面、凹凸立面、狭窄空间等受限场合或特殊工况，定制设计内容一般包括：变动支架长度、前伸超长、无配重安装、借助建筑承重结构梁柱实施吊篮安装、加设吊篮平台副篮筐等特殊设计。

非常规安装活动应遵守的基本安全原则，见表 4-10。

非常规安装活动应遵守的基本安全原则　　　　　　　　　表 4-10

序号	控制节点	具 体 要 求
1	专项方案	严格按程序批准安装方案，遵循安装方案和吊篮安装说明书实施作业
2	原厂定制	所涉及的非标设计均与现场业主和施工管理方充分沟通，由吊篮制造厂专业工程师确认，委托吊篮制造厂定制与现场吊篮配套的非标支架及其他部件。严禁在施工现场擅自修改吊篮制造厂配置的支架、篮体及零部件
3	专业指导	现场的所有非常规安装活动均应获得吊篮专业工程师对现场的技术指导
4	人员合格	所有非常规安装吊篮的活动，应授权具备安拆特种作业资格的人员实施。维保、检查人员应经专业培训合格，落实安全防护措施，授权后方可作业
5	单独验收	涉及因建筑物现状安装条件不具备或不完善的现场整改配合事项，（如：结构强度、支撑基础、安装工作面、安全条件、连接条件等）应由业主委托专业结构工程师验算确认，由业主或总包单位负责实施，按程序组织单独验收安装所需条件，合格后方可移交吊篮安装工序

（1）不规则屋面构架工况条件下的吊篮安装

因屋顶安装部位受限而委托吊篮厂定制特殊悬挂支架，同时由业主提供辅助支撑架构为吊篮提供安装条件，如图 4-13 所示。

图 4-13　业主提供辅助支撑架，为吊篮提供架设条件

技术控制要点：

1）承重支架应经吊篮厂设计定制，验算后有足够的承载能力和稳定性。

2）吊篮悬挂机构有可靠的防滑移定位措施。

3）安拆、维保、检查等岗位人员采取可靠地高空作业安全措施。

4）使用前对业主或总包提供的相关辅助支撑架构进行单独安全验收。

（2）以钢结构屋面钢梁为支撑，通过钢制抱箍固定吊篮悬挂机构

因钢屋面吊篮安装受限，将悬挂支架以钢梁为支撑，对于矩形和方形梁体，通过吊篮厂设计定制圆钢固定环、钢制抱箍、钢夹板等，实现与建筑主体结构拉结固定吊篮悬挂机构，支撑处应经结构工程师验算后有足够承载能力和稳定性。如图 4-14 所示。

图 4-14　定制钢制抱箍固定吊篮悬挂机构

技术控制要点：

1）悬挂支架通过钢制抱箍与建筑物主体钢梁刚性固定、固定点无自由度。

2）受力件规格按程序经过计算确定，一般情况下，受力件钢板厚度不小于 16mm，或采用同等强度的型钢；螺杆直径不小于 20mm。

3）螺杆应为标准牙型，配平垫圈和双螺母，且有防螺母脱出措施。

4）由业主或总包对支撑点处的承载能力和稳定性验算文件进行书面确认。

（3）采用钢卡座结合钢丝绳捆绑，实现吊篮悬挂机构与主体梁可靠联接

因屋面安装面受限，将悬挂支架以建筑物梁体、工字钢梁等为支撑，通过钢制卡座（骑马架）等支撑吊篮悬挂机构，采用钢丝绳可靠捆绑联接。如图 4-15 所示。

图 4-15　采用钢卡座结合钢丝绳捆绑，实现悬挂机构与主体梁可靠联接

技术要点：

1）钢制卡座应经设计计算有足够的承载能力和稳定性。

2）钢丝绳捆绑圈数一般不少于 4 圈，其中 2 圈相互独立捆绑。保证各圈均匀受力。

3）采用焊接固定卡座架体时，应有辅助固定措施。

4）吊篮悬挂机构有可靠的防滑移定位措施。

5）安拆、维保、检查等岗位人员采取可靠的高空作业安全防护措施。

6）由业主或总包对支撑点处的承载能力和稳定性验算文件进行书面确认。

（4）吊篮厂定制加高悬挂机构支架的安装

因屋面女儿墙过高或存在外围遮挡使吊篮标配支架安装高度受限，应委托吊篮制造厂对支架和配重置放方案重新设计，定制特殊型号加高支架，在吊篮厂指导下安装，如图 4-16 所示。

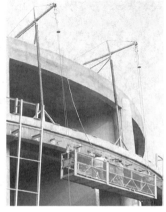

图 4-16　定制加高悬挂机构支架的安装

技术控制要点：

1）加高杆的截面应大于原支架截面。

2）支架与加高杆间应采用螺栓固定连接，每端不少于 2 个；螺栓规格与原吊篮支架的标配安装螺栓相同。

3）加高后的特殊型支架，高度超过 4m 时，应对整体支架采取侧向稳定措施。

4）由业主或总包对支撑点处承载能力和稳定性验算文件进行书面确认。

5）对整体支架和采取的侧向稳定措施进行安全验收。

（5）其他非常规安装方案

1）定制独立悬挂与独立起重相结合的特殊悬挂机构，设置钢丝绳检查环

由业主会同吊篮制造厂专业工程师进行结构承载力复核确认；采用独立安装悬挂点悬挂钢丝绳、机械式是锚固支架、独立设置物料起重悬吊方案。吊篮制造厂确认钢构挂点技术方案，定制特殊悬挂机构并指导现场安装，钢丝绳按标准要求进行紧固和连接，设置钢丝绳检查环。对于独立设置的物料起重悬吊方案实施单独检查验收，如图 4-17 所示。

图 4-17　独立点悬挂钢丝绳、固定式锚固支架、独立设置物料起重装置

2）特制钢构件悬挂装置

由业主工程师会同吊篮制造厂专业工程师进行结构承载力复核确认；吊篮制造厂确认钢构夹持、借助承重女儿墙锚固特型支架等技术方案，指导现场将吊篮前支架与主体钢梁进行临时焊接定位，防止其防滑移。安全加固措施完成后应经单独组织安全验收，合格后方可使用。如图 4-18 所示。

图 4-18　钢构夹持固定支架、女儿墙特型支架锚固固定

3）女儿墙卡钳（也称：骑墙钳架、骑墙马、骑马架）

现场使用该女儿墙卡钳时，应委托吊篮原厂提供，女儿墙卡钳应随机提供安全试验报告、配备使用说明书和产品合格证；女儿墙卡钳安装前应由建筑设计方核实确认女儿墙的承受力，由吊篮制造厂专业工程师针对现场情况，与业主委托的设计单位、结构工程师共同对建筑结构承载力复核，由吊篮厂制作后在规定工况下使用。该卡架一般不设配重，为安全冗余起见，对这类卡架应在其与建筑结构之间加设外墙斜撑杆、辅助拉结钢丝绳、连墙锚固连接等安全加固措施，并经单独组织安全验收，合格后方可使用。如图 4-19（a）、图 4-19（b）所示。

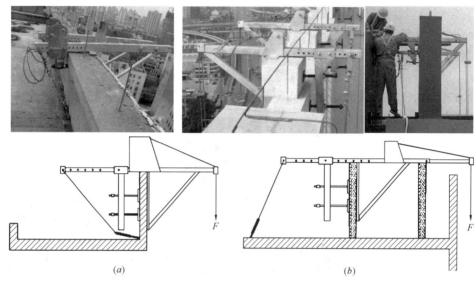

图 4-19　女儿墙卡钳安装

（a）安装侧视图；（b）安装正视图

4）钢丝绳固定时使用定制的铝合金压缩套、楔块楔套

目前市场上出现了采用金属压缩套和楔块楔套等钢丝绳固定的新连接形式。由于各省市对吊篮的管理政策有差异，推广使用该型吊篮时，应密切关注并遵守驻地项目监管政策的安全要求。

铝合金压缩套一般采用螺栓连接固定于悬挂结构横梁的前伸吊臂前端，楔块楔套一般采用螺栓穿孔连接固定于悬挂吊臂后部的适当部位，用于加强钢丝绳的张紧固定，如图4-20所示。

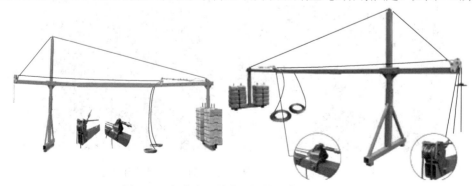

图 4-20　铝合金压缩套和楔块楔套的安装位置

绳卡强度、楔块楔套的材质应由吊篮厂专业工程师计算后确定，铝合金压缩套和楔块楔套应具有试验报告或产品出厂合格证，按吊篮说明书安装，如图 4-21 所示。

（a） （b）

图 4-21 铝合金压缩套和楔块楔套

（a）吊臂前端钢丝绳金属压缩套；（b）吊臂后端横梁楔块楔套

第四节 悬吊平台框架及提升机、安全锁、电气箱的组装

1. 平台组装

一般情况下，吊篮平台组成结构，如图 4-22 所示。

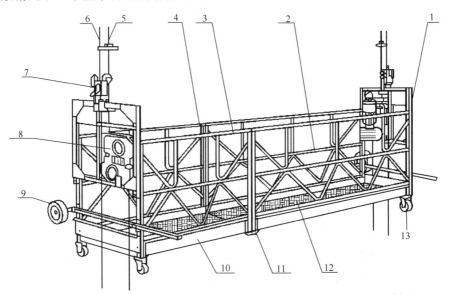

图 4-22 吊篮平台的结构组成

1—安装架；2—护栏横梁；3—前部护栏；4—后部护栏；5—工作钢丝绳；6—安全钢丝绳；7—防坠落装置；8—爬升式起升机构；9—靠墙轮；10—踢脚板；11—垂直构件；12—底板；13—脚轮

组装顺序如图 4-23 所示。

单元片装式悬吊平台的栏片组装顺序如图 4-24 所示。

特殊工况及定制的特殊型吊篮的悬吊平台，其安装应遵循被批准的安装方案，并按照产品使用说明书要求实施安装。

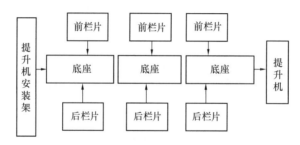

图 4-23 吊篮平台的组装顺序

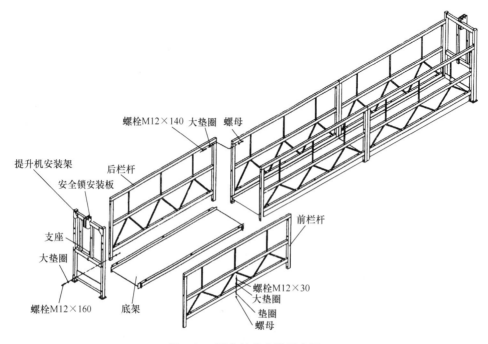

图 4-24 平台篮片安装示意图

组装完成的平台应标注额定载重量、限载人数；起升机构极限工作载荷；悬臂底板的最大安全工作载荷与悬臂底板的最大长度（如有）、安全标志标示、产品型号、编号、出厂日期、制造商或服务商联络信息等。

悬吊平台组装完成后将配电箱固定在悬吊平台护栏内侧，接通线路和电源。安装时注意电源相序要一致，安装航空插头时安装方法要正确。

2. 组装流程

（1）将底板垫高 200mm 以上，平放在木板上→装上栏片。平台篮片应不低于 1m，低位栏片装于施工侧前面，高位栏片装于施工后面→安装提升架→固定螺杆。注意：提升机安装架及底板处的螺栓上应使用较大规格的垫圈。

（2）提升机使用专用销轴、螺栓紧固→安全锁带有绳轮的一侧安装于吊篮内侧→再安装限位开关→检查并固定。

（3）控制箱安装于平台后栏片上→拧紧螺栓固定→提升机接插件接入控制箱。

（4）详细检查确认无误后→接通电源开始调试。

分别调试两端电机是否正常→再穿入钢丝绳调试→调整吊篮平衡,在距地面1m处上下同时调试2~3次→确认限位、安全锁、提升机等各部件功能正常。

悬吊平台组装作业,如图4-25所示。

3. 控制要点

(1) 选择尽量平整的地坪作为吊篮平台组装作业面,组装应完整、齐全,不得少装、漏装,各基础栏片对接应准确定位,预紧后整个平台框架应平直,不得有明显扭曲。

图4-25 悬吊平台组装作业

(2) 所有螺栓应加装垫圈,所有螺母应紧固、可靠,开口销均应瓣开成30°角。

(3) 提升机组装时,应将电机朝向吊篮体内侧方向,安装安全锁支架朝向平台外侧。

(4) 悬吊平台四周应装有固定式的安全护栏,护栏应设腹杆,工作面高度不应低于1.0m,护栏应能承受1000N的水平集中载荷。

(5) 悬吊平台底板四周应装有高度为不小于150mm的挡板(踢脚板),挡板与底板间隙不大5mm。底板必须有防滑措施。

(6) 行程开关触点应调至距离工作钢丝绳中心1.5cm左右(产品说明书中另有要求的除外)。

4. 安全锁及提升机的安装

安全锁安装于悬吊平台两端的安全锁支架上,提升机安装于悬吊平台两端的提升机安装架和提升机支承中,如图4-26所示。

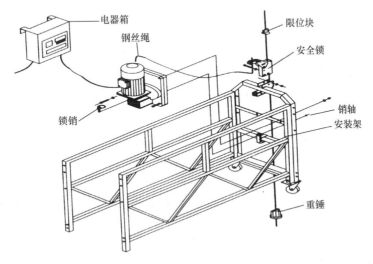

图4-26 安全锁及提升机的安装示意

安全锁安装时应使摆臂滚轮朝向平台内侧,提升机安装于悬吊平台内。

《高处作业吊篮》GB/T 19155—2017对安全锁的性能要求:

摆臂式:锁绳角度≤14°(特指纵向倾斜角度)。

对摆臂式安全锁要求：

离心式：锁绳距离≤500mm；锁绳角度≤14°。

一般采用如下两种安装方法：

方法1：将提升机搬运至悬吊平台内→使提升机背面的矩形凹框对准提升机支承→插入销轴并用锁销锁定→在提升机箱体上端用两只连接螺栓将提升机固定在提升机安装架的横杆上。

方法2：设备通电→在悬吊平台外将工作钢丝绳穿入提升机内→点动上升按钮将提升机吊入悬吊平台内进行安装。

注意：采用方法2安装时，必须将提升机出绳口处稳妥垫空，并在钢丝绳露出绳口时用手小心将绳引出，防止钢丝绳头部冲击地面而受损。

5. 电控制箱的安装

电控箱一般安装于悬吊平台中间部位的后栏片上→电控箱门朝向悬吊平台内侧→固定安装于栏杆上。

电气箱安装固定后，将电源电缆、电机电缆、操纵开关电缆的接插件插头插入电箱下端的相应插座中。插装接插件插头时，应仔细对准插脚位置，均匀用力推入。

（1）通电前检查及要求

1）电源采用380V三相接地电源，电源与电缆接触处应可靠固定，电源插头处不可直接承受电缆重量。

2）顶面悬挂机构应安装正确，安放平稳，固定可靠，连接螺栓无松动或虚紧，平衡配重块安装可靠，配重符合要求。

3）钢丝绳连接处的绳扣装夹正确，绳扣螺母拧紧可靠。

4）悬垂钢丝绳应分开，无绞结、缠绕和折弯。

5）提升机、安全锁及悬吊平台安装正确、连接可靠，连接螺栓无松动或虚紧，连接处构件无变形或开裂现象。

6）电缆接插件接插正确无松动，保险锁扣可靠锁紧。

7）电箱内各电线接点处的螺钉应确认无松动或虚紧。

8）吊篮施工立面上无明显突出物或其他障碍物。

（2）通电后检查及要求

1）闭合电控箱内开关，通电指示灯亮，电气系统通电。

2）将转换开关置于左位置，分别点动电控箱面板上操纵开关的上升和下降按钮，左提升机正反运转。

3）将转换开关置于右位置，分别点动电控箱面板上操纵开关的上升和下降按钮，右提升机正反运转。

4）将转换开关置于中间位置，分别点动电控箱面板上操纵开关的上升和下降按钮，左、右提升机电机同时正反运转。

5）将转换开关置于中间位置，启动左右提升机电机后，按下电控箱门上紧急停止按钮（红色），电机停止运转。旋动紧急停止按钮使其复位后，可继续启动。

6）将转换开关置于中间位置，启动左右提升机电机后，分别按下各行程开关触头，警铃报警，同时电机停止运转。放开触头后，可继续启动。

6. 靠墙轮、限位器的安装

（1）靠墙轮

靠墙轮是用来防止悬吊平台与建（构）筑物立面碰撞的缓冲装置，并可起到一定的稳定悬吊平台的作用。靠墙轮一案采用橡胶、海绵、尼龙等材质，根据需要安装在悬吊平台靠墙一侧栏片的中间栏杆上，纵向位置根据建（构）筑物的立面支承位置进行调整，然后用螺栓固定在栏杆上。靠墙轮安装，如图4-27所示。

图 4-27 靠墙轮安装

（2）限位器

安全锁上端行程开关触头距悬挂机构前梁端点距离应大于1.5m，然后将限位器夹紧固定在安全钢丝绳上，并使限位器压下行程开关触头，此时电铃报警，上升电路切断，显示限位器功能和安装位置有效。安全锁上端行程开关触头与支架吊点挡位钢板的安装位置，如图4-28所示。

图 4-28 安全锁上端行程开关触头与支架吊点挡位钢板

7. 钢丝绳安装与穿绕

（1）钢丝绳的安装准备（图4-29）

1）钢丝绳分别绕在各自的吊板或索具套环上，用三个绳卡（仅适合于10mm以下的钢丝绳）卡紧。如图4-30（a）所示。

2）绳卡间的距离为6～7倍钢丝绳直径。如图4-30（b）所示。

图 4-29　钢丝绳绳卡前设置安全弯

的 10% 时，应报废处理。

3）上限位器止挡（挡铁）安装在距钢丝绳顶端 0.5～1m 处。

4）工作钢丝绳与安全钢丝绳在吊板悬挂端设成鸡心环套，穿于吊板不同销轴上。如图 4-30（c）所示。

5）禁止将 U 形卡环用于悬挂工作钢丝绳和安全钢丝绳。

6）钢丝绳的绳卡前应设置安全弯，便于日常观察绳卡安全连接状况。

7）钢丝绳吊板的销轴磨损达原尺寸

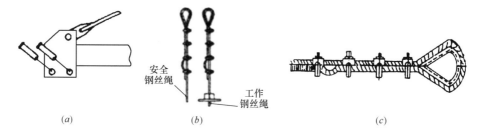

（a）　　　　　　　　（b）　　　　　　　　（c）

图 4-30　钢丝绳在销轴式吊板悬挂端的安装

（2）钢丝绳穿绕

钢丝绳、悬挂机构、吊篮平台等安装完毕→接通电源→按下电源开关→合上漏电保护开关→旋转选择开关→使电机单独工作。

1）工作钢丝绳穿绕：按上升按钮，提升机自动将工作钢丝绳慢慢绕进提升机。

2）安全钢丝绳穿绕：将处理好绳头的安全钢丝绳穿过吊篮挂架上部拢绳圈，向下顺安全锁入绳口插入（此时安全锁应处于打开状态），从安全锁底部的出绳口穿出。

安全钢丝绳与工作钢丝绳穿绕，如图 4-31 所示。

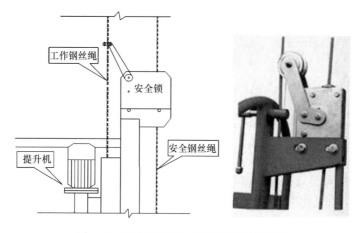

图 4-31　安全钢丝绳与工作钢丝绳的穿绕

（3）重锤（也称：钢丝绳坠铁）安装

重锤固定于钢丝绳下端，主要用于拉紧钢丝绳，防止悬吊平台在提升时将钢丝绳随同拉起而影响悬吊平台的正常运行。重锤可增加钢丝绳的摩擦力，重锤的重量应依照吊篮厂家产品说明书的要求进行配置和安装。

重锤一般由两个耦合片组成，安装时将两耦合片夹在钢丝绳上，其下端一般距地面10～20cm，然后用螺栓紧固于钢丝绳上。如图4-32所示。

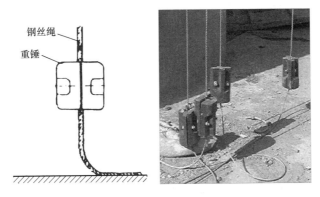

图4-32　重锤安装示意图

8. 吊篮安装检验项目

执行《高处作业吊篮安装、拆卸、使用技术规程》JB/T 11699—2013中第5章和附录B的规定，安装检验项目，见表4-11。

吊篮安装检验项目　　　　　　　　　　　　表4-11

序号	类别	具 体 内 容
1	标准支架	前梁的外伸长度 配重数量或重量及标识 前、后支架与支撑面的接触情况 悬挂机构横梁安装的水平度差 加强钢丝绳的张紧度 悬挂机构之间的安装距离 前后支架的组装高度 主要结构件变形、腐蚀、磨损情况 吊篮的任何部位与输电线的安全距离 前梁安装高度超出标准悬挂支架的前梁高度时的指标 前梁外伸长度超出标准悬挂支架上极限尺寸的非标悬挂支架
2	特殊支架	预埋件和锚固件的安全系数 机械式锚固悬挂架的抗倾覆指数 固定悬挂架与建筑结构的连接强度 安装墙钳支架的女儿墙受力 临时悬挂轨道的安装质量 主要结构件变形、腐蚀、磨损情况 吊篮的任何部位与输电线的安全距离

序号	类别	具 体 内 容
3	悬吊平台	悬吊平台对接长度 零部件完整情况 紧固件正确选配和连接紧固到位情况 提升机和安全锁与悬吊平台的连接，采用专用高强度螺栓；连接可靠 销轴端部安装符合说明书规定 主要结构件变形、腐蚀、磨损情况
4	整机组装 与调试	电控箱接线及完整情况 钢丝绳规格、型号、特性 钢丝绳绳端固定情况 工作钢丝绳与安全钢丝绳 安装在钢丝绳上端的上行程限位挡块 重锤安装情况 钢丝绳穿头端部 外观（断丝、磨损、局部缺陷） 钢丝绳表面附着物情况 安全大绳安装情况
5	提升机	外观检查 渗、漏油情况 技术状况 与吊架连接情况
6	安全锁	外观检查 工作状况 技术状况 与吊架连接情况
7	电气系统	电缆线外观及固定情况 绝缘电阻 接地电阻 元器件 行程限位装置
8	运行试验	空载运行 额定载重量

第五节 调 试 与 检 查

依据《高处作业吊篮》GB/T 19155—2017 的规定，吊篮工程现场应重点做好与安全相关的支撑及锚固件的安装检查，按程序做好吊篮的安装验收工作。如图 4-33 所示。

(a) (b)

图 4-33 吊篮安装后的检查验收

(a) 检查验收悬挂机构和钢丝绳系统；(b) 检查支撑及锚固件安装质量

一、与安全相关的支撑及锚固件的安装检查

（1）如果吊篮的稳定性由建筑结构支撑和/或锚固件来保证时，应确认系统的所有方面都已根据规格、图纸和相关技术要求正确安装。如关键部件（如螺栓）已由吊篮供应商自行提供给承包商预埋到结构中，承包商应出具一份确认正确安装这些部件的确认单。

（2）在生产和安装阶段对所有悬挂装置锚固件进行 100% 的目测检验，以确保所有部件正确安装，并应特别注意隐蔽部件与结构的固定连接是否可靠。

（3）对可见并承受剪力和拉力的化学或机械膨胀锚栓，应对锚固件抽样 20% 进行适当的扭矩和/或拉拔试验。

（4）对隐蔽并承受剪力和拉力的化学或机械膨胀锚栓，应对锚固件进行 100% 的适当扭矩和/或拉拔试验。

（5）拉拔或扭矩试验对锚固件施加的作用力为 $0.83 \times R_v$ 或 $0.83 \times R_h$。

注：R_v、R_h 为锚固点的载荷。

（6）所有检测结果应作记录并形成报告（包含检查人员的姓名、职称、单位和日期）。

二、吊篮安装后的功能检查和调整

吊篮安装完毕后，吊篮正式使用前，应检查各部位是否符合安装要求，并进行使用前的检查和调整，待调至正常后方可启用。现场应组织有关人员进行验收检查，检查内容及要求详见附录 5《高处作业吊篮安装验收表》JB/T 11699—2013，由相关人员检查合格后签字，方可投入使用。

目前市场上常用吊篮电控箱的转换开关及控制按钮分布，如图 4-34 所示。

检查和调整步骤如下：

（1）将电控箱转换开关置于中间位置→按下上升按钮将悬吊提升至离地面 0.5m 左右→检查悬吊平台是否处于水平位置。如发现有明显倾斜现象，应将转换开关转向高（或低）端→然后按下降（或上升）按钮，使悬吊平台的高（或低）端下降（或上升），直至悬吊平台恢复水平位置后停止→将转换开关恢复至中间位置。

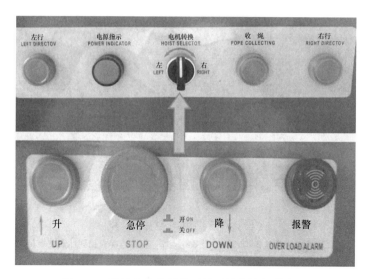

图 4-34　常见电控箱转换开关及控制按钮分布图

（2）继续按上升按钮，提升悬吊平台至离地 6～8m 处停止，稍定片刻→然后按下降按钮，将悬吊平台下降至离地 0.5m 左右处，停止片刻→再下降至地面。

在上升、下降和停止过程中应注意检查：

1）提升机是否存在不正常声响；

2）提升机两端是否出现水平倾斜；

3）在上升和下降停止时能否立即制动停止，是否出现滑降现象。

（3）按上法将悬吊平台提升至离地 3m 左右后停止→然后同时将两端提升机的电机罩壳长形孔中的手动滑降球形手柄向上提起→手动打开电磁制动器，使悬吊平台在自重作用下自动滑降（如因机构静摩擦阻止作用没有自由滑降时，可用提升机附带的手轮插入提升机电机罩壳顶端的孔中，轻转手轮帮助滑动后自由滑降）→至离地面 0.5m 左右时放开手柄，将悬吊平台停止片刻→再提起手柄将悬吊平台下降至地面。

在滑降过程中，应注意检查：

1）手动滑降过程是否平稳，有否受阻现象；

2）手动滑降停止是否有继续滑降现象；

3）手动滑降是否有失速（正常滑降速度≤14m/min）现象。

如发现手动滑降时有失速现象，表明提升机电机输入端离心减速装置失效，应立即停止手动滑降，启动电机下降至地面，检修或更换离心减速装置后，重新检查至符合要求。

（4）将电箱转换开关置于中间位置 → 按上升按钮将平台提升至地面 2.5m 左右，将电箱转换开关置于左边位置 → 按下降按钮检查平台左侧安全锁是否可在平台倾斜 3°～14° 范围内有效锁住安全钢丝绳；再按上升按钮使平台回复至水平位置 → 将电箱转换开关置于右边位置 → 按下降按钮检查平台右侧安全锁是否可在平台倾斜 3°～14° 范围内有效锁住安全钢丝绳。

（5）提升悬吊平台至最高施工位置，在提升过程中检查两端钢丝绳是否存在松股、折弯、扭结和断丝等现象，若已达到报废标准，则应更换钢丝绳。

三、吊篮性能安全要求

施工现场应结合《高处作业吊篮》GB/T 19155—2017 和《建筑施工升降设备设施检验标准》JGJ 305，实施以下检查测试内容：

（1）吊篮在动力试验时，应有超载 25％额定载重量的能力。

（2）吊篮在静力试验时，应有超载 50％额定载重量的能力。

（3）吊篮额定速度不大于 18m/min。

（4）手动滑降装置应灵敏可靠，下降速度不应大于 1.5 倍的额定速度。

（5）吊篮在承受静力试验载荷时，制动器作用 15min 时滑移距离不得大于 10 mm。

（6）吊篮在额定载重量下工作时，操作者耳边噪声值不应大于 85dB（A），机外噪声值不应大于 80dB（A）。噪声检验场景，如图 4-35 所示。

图 4-35 噪声检验
（★工厂检验项目、★现场检验项目）

（7）吊篮上所设置的各种安全装置均不能妨碍紧急脱离危险的操作。

（8）吊篮的各部件均应采取有效的防腐蚀措施。

四、吊篮使用前的试验

1. 出厂前准备工作

在做载荷试验前，检查安全锁的锁绳状况，如图 4-36所示。

具体操作步骤：将电器箱面板上的转换开关拨至中间位置，将悬吊平台上升 1～2m 后停住，再将转换开关拨至一侧，使悬吊平台产生倾斜，当悬吊平台倾斜到 3°～8°时，安全锁即可锁住安全钢丝绳，将悬吊平台低端升起至水平状态时，安全锁自动复位，安全钢丝绳在安全锁内处于自由状态。上机操作人员必须戴好安全帽，系好安全带，并将安全带索扣在安全绳上。

2. 空载运行试验

空载运行试验装置，如图 4-37 所示。悬吊平台上下

图 4-36 检查安全锁的锁绳状况
（★工厂检验项目、★现场检验项目）

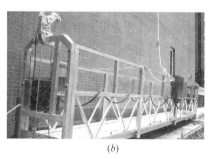

(a)　　　　　　　　　　　　　　　　(b)

图 4-37　空载运行试验（★工厂检验项目、★现场检验项目）

(a) 工厂空载运行检验；(b) 现场空载运行检验

运行 3～5 次，每次行程 3～5m，全过程应升降平衡，提升机无异常声响，电机电磁制动器动作灵活可靠，各连接处无松动现象。按下"急停"按钮，悬吊平台应能停止运行。扳动上限位开关的摆臂，悬吊平台应能停止上升。

3. 手动滑降检查

悬吊平台上升 3～5m 后停止，取出提升机手柄内的拨杆，并将其旋（插）入电机风罩内的拨插孔内向上抬起，悬吊平台应能平稳滑降，滑降速度应不大于下降速度的 1.5 倍。

4. 额定载重量运行试验

额定载重量运行悬吊平台内均布额定载重，吊篮在 3～5m 的行程中升降，至少三次。在运行过程中无异常声响和停止时无滑降现象，平台倾斜时安全锁应能灵活可靠地锁住安全钢丝绳，各紧固连接处应牢固，无松动现象（图 4-38）。

图 4-38　额定载重量运行试验（★工厂检验项目、★现场检验项目）

5. 吊篮使用前滑移、静力试验

（1）滑移试验

1）试验目的：模拟提升机工作过程中机器失灵下滑时的制动性能。

2）试验装置：主要由试验架、可变动加载的升降篮体、提升机、发讯器、工作滑轮和电控箱等机构组成。试验装置，如图 4-39 所示。

3）试验方法：人工安装安全锁→接通电源键提升机提升篮体→改变制动下滑速度，

图 4-39　提升机检测、吊篮使用前滑移试验（★工厂检验项目）

速度达一定限值时，触发离心甩块，并由电控连锁系统触发安全锁制动。

4）试验指标：制动距离、制动速度。

（2）静力试验

1）试验目的：模拟安全锁静态锁住吊篮的制动性能。

2）试验装置：主要由试验架、可变动加载的升降篮体、提升机、发讯器、工作滑轮和电控箱等机构组成，如图 4-40 所示。

3）试验方法：将篮体手动锁住在安全绳上，在篮体加载工况下吊挂 48h。

4）试验指标：滑移量、夹紧弹簧刚度。

图 4-40　吊篮使用前滑移、静力试验（★工厂检验项目）

6. 安全锁的测试

安全锁测试装置应能固定安全锁，使钢丝绳移动，并能测试安全锁的锁绳速度或锁绳角度及静置滑移量。

（1）安全锁锁绳速度试验

将待测安全锁固定在测试装置上，将测试装置上的钢丝绳穿入安全锁中，起动测试装置，使钢丝绳移动，当钢丝绳移动速度达到安全锁的锁绳速度时，安全锁应立即锁住安全钢丝绳。连续测试 10 次，并做好记录。试验场景，如图 4-41 所示。

（2）安全锁锁绳角度试验

图 4-41　安全锁检验、锁绳速度测试（★工厂检验项目）

将悬吊平台提升至离地 1m 处静止，使悬吊平台逐渐处于倾斜状态。按额定载重量和动力试验载荷各进行三次试验，测试安全锁动作时悬吊平台的倾斜角度，记录试验结果。试验场景，如图 4-42 所示。

（3）安全锁静置滑移量试验

将待测安全锁固定在试验装置上，使之锁紧钢丝绳，施加静力试验载荷，静置 10 min，测定安全锁相对钢丝绳的滑移量，试验三次，将试验结果做好记录。

（4）安全锁模拟悬吊平台自由坠落锁绳距离试验

将待测安全锁固定在模拟悬吊平台自由坠落试验装置上，模拟断绳工况，按额定载重量、悬吊平台自重及钢丝绳自重载荷情况进行试验。测定自由坠落锁绳距离，试验三次，记录试验结果。试验场景，如图 4-43 所示。

图 4-42　安全锁锁绳角度　　　　图 4-43　坠落锁绳距离试验
试验（★工厂检验项目）　　　　（★工厂检验项目）

7. 悬挂装置静载试验

按照《高处作业吊篮》GB/T 19155—2017 规定实施，判定依据：15min 后结构件无断裂；无永久变形。

无论是标准型常规支架还是特殊型定制支架，均需委托专业机构对悬挂装置静载试验通过后，方可用于施工现场安装。试验场景，如图 4-44 所示。

《高处作业吊篮》GB/T 19155—2017 增加对"平台静载、悬挂装置静载"的试验要求，目的是针对假冒伪劣和偷工减料的低品质吊篮，进行定量化检测，并提供合格指标判定依据，有利于用户在吊篮选购、选用环节提高辨别能力，为监管者提供质量控制技术手段和技术依据，减少因产品质量缺陷导致的安全事故。

8. 吊篮第三方检验机构的选择

检测机构一般分为国家级检验机构、地方省、市、县级检验机构等，具备检验能力的检测机构或实验室一般持有相应能力的国家认证认可委员会的颁发的检验资质。

图 4-44　悬挂装置静载试验（★工厂检验项目）

以国家建筑工程质量监督检验中心为例，其脚手架与施工机具检测部设在中国建筑科学研究院建筑机械化研究分院中心实验室（http：//www.cabr-m.com），拥有：国家认可委颁发的检验检测机构资质认定证书、国家认可委颁发的资质授权证书、中国合格评定国家认可委的实验室认可证书等。证书示例，如图 4-45 所示。

图 4-45　国家认可委颁发的检验检测机构资质认定证书示例

对应检验机构资质认定证书的附件公示信息包括：检测关键场所、检验标准（方法）、认可的核准和测量能力范围、认可的签字人及领域信息等，如图 4-46 所示。

认可的实验室关键场所		认可的授权签字人及领域		认可的检测能力范围		认可的校准和测量能力范围	

检测对象		
检测标准（方法）	《高处作业吊篮》GB/T 19155-2017	
场所地址	河北省廊坊市金光道61号	▼

查询

序号	检测对象	项目/参数		检测标准（方法）	说明	状态
		序号	名称			
		7	结构应力	《臂架式高空作业平台》JG/T 5101-1998 6.10		有效
				《套筒油缸式高空作业平台》JG/T 5102-1998 6.10		有效
				《桅柱式高空作业平台》JG/T 5103-1998 6.11		有效
				《桁架式高空作业平台》JG/T 5104-1998 6.3		有效
7	导架爬升式工作平台	1	平台尺寸	《升降工作平台 导架爬升式工作平台》GB/T 27547-2011 5.3		有效
		2	安全装置试验	《升降工作平台 导架爬升式工作平台》GB/T 27547-2011 5.5、5.6、5.7、5.12		有效
		3	超载试验	《升降工作平台 导架爬升式工作平台》GB/T 27547-2011 6.2.2.3		有效
8	高处作业吊篮	1	升降速度的测定	《高处作业吊篮》GB/T 19155-2017 12.6		有效
		2	噪声	《高处作业吊篮》GB/T 19155-2017 12.4		有效
		3	电动机功率测试	《高处作业吊篮》GB/T 19155-2017 12.5		有效
		4	电气控制系统	《高处作业吊篮》GB/T 19155-2017 11、12.3		有效
		5	结构应力试验	《高处作业吊篮》GB/T 19155-2017 12.7		有效
		6	整机可靠性	《高处作业吊篮》GB/T 19155-2017 12.8		有效
		7	平台试验	《高处作业吊篮》GB/T 19155-2017 附录A、附录B		有效
		8	悬挂装置试验	《高处作业吊篮》GB/T 19155-2017 附录C		有效
9	擦窗机	1	机构运行速度测定	《擦窗机》GB/T 19154-2017 12.6		有效
		2	噪声测试	《擦窗机》GB/T 19154-2017 12.4		有效
		3	电动机功率测试	《擦窗机》GB/T 19154-2017 12.5		有效
		4	电气控制系统	《擦窗机》GB/T 19154-2017 11.2、12.3		有效
		5	结构应力测试	《擦窗机》GB 19154-2003 6.10		有效
		6	整机可靠性	《擦窗机》GB/T 19154-2017 12.8		有效
		7	吊船试验	《擦窗机》GB/T 19154-2017 附录A		有效
		8	起升机构与后备装置试验	《擦窗机》GB/T 19154-2017 附录B		有效
		9	悬挂装置试验	《擦窗机》GB/T 19154-2017 附录C		有效
				《龙门架及井架物料提升机安全技术规范》JGJ88		

图 4-46　检验机构资质认定证书的附件公示信息示例

以上公示信息，用户可以自行登录中国合格评定国家认可委员会官方网站 https：//www.cnas.org.cn/，查询检验机构及检验能力项目公示内容。

第六节　移位和拆卸

一、吊篮移位

吊篮移位可分为一般移位和安装移位。一般移位是指在同一楼层或同一平面内，不需要拆散和重组安装悬挂机构的移位；安装移位是指需要对悬挂机构进行拆卸，并在移动位置后需要重组安装的移位。

特殊工况及定制型号特殊吊篮的移位，应遵循被批准的安装作业方案，按产品使用说明书要求实施移位作业。

吊篮移位的一般步骤如下：

（1）移位前必须将吊篮平台降至地面→退出工作和安全钢丝绳→切断电源。

（2）移位悬挂装置前先卸配重，如同一屋面平移，可整体搬移；如不同高度的上下移位，必须拆卸悬挂装置，再按安装步骤重新拼装。

（3）移位后填写吊篮移位交付检查验收记录，相关检查验收人员签字。

（4）移位时、该吊篮的工作平台应设置警告牌，严禁使用，设置警戒全区域，避免事故发生。

二、吊篮的拆卸

吊篮拆卸严格按照吊篮制造厂产品使用说明书和经批准的作业方案，遵循正确的拆卸工艺流程进行。特殊工况及定制的非标吊篮，应遵循被批准的拆卸作业方案，在吊篮厂工程师指导下，采取安全技术措施后，方可实施拆卸作业。

一般情况下，吊篮的拆卸工艺流程，如图 4-47 所示。

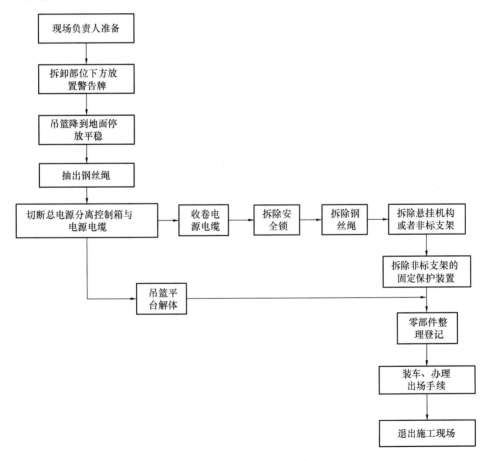

图 4-47　吊篮的拆卸工艺流程

吊篮拆卸程序：

（1）拆卸前必须把吊篮平台下降至地面或者施工最低点→确认钢丝绳完全没有受力，

图 4-48　吊篮平台下降至地面平稳后方可
实施拆卸

处于放松状态。

（2）开动左右提升机继续向下→抽出 2 根工作钢丝绳→把左右安全锁中的安全钢丝绳抽出→之后切断吊篮电源；如图 4-48 所示。

（3）悬挂机构拆除：

从吊篮上支架处把工作钢丝绳、安全钢丝绳、电缆线、安全大绳（也称：生命绳、保险绳）逐一抽回收拢→拆除钢丝绳固定点的卡扣→将钢丝绳、电缆线及安全绳盘好固定；将悬挂机构吊臂后移至安全范围→松开固定螺栓的螺母→将拉勾旋转放松→拆除前臂前端拉杆体及后臂后端拉

杆体→再拆除上支架→将后支架、后臂、中臂、前支架、前臂拆除螺栓后依次向后退出。如图 4-49 所示。

图 4-49　悬挂机构的拆除

（4）工作平台拆除：

拆除左右两端提升机及行程开关的电源插头→将电源线缠绕整齐→拆除左右两端提升机与提升机安装支架间的连接固定螺栓→卸下左右提升机→拆除提升机的安装支架→拆除左右端板固定螺栓→依次拆除前、后护栏片。

（5）将拆卸的所有零部件存放在规定位置，加以保护。

三、运输与装卸

将配重块、屋面悬挂装置、平台、提升机、钢丝绳、电缆线、电器箱等依次装车；运输途中，车辆启动、运行和停车应平稳；装卸时应轻拿轻放，避免摔坏成品；吊篮停放场地要平整，码放有序；提升机、安全锁、钢丝绳、电缆线、电器箱，不能相互挤压和碰撞；装卸车和搬运时要轻拿轻放，避免人为损坏；途中要遵守交通法规，不得抢行、急促拐弯等；注意吊篮存放现场的看护、防止丢失零部件。

第七节　工程监理要点

一、对吊篮安装的安全控制要点

吊篮安装、移位和拆卸由吊篮安拆单位负责，安装前监理人员检查吊篮安拆单位与使用单位签订的吊篮安拆合同及安全协议书。检查安装拆卸方案应按程序审核签字，未报监理单位进行审批通过，不可进行安装拆卸作业。

对于特殊建筑结构或者非标吊篮的安装、移位、拆卸，吊篮安拆单位应编制安全专项施工方案，由非标吊篮生产厂和业主的专业工程师进行专项设计验算。列入住建部危险性较大工程目录工程中的吊篮安拆活动，应遵守驻地安全监管规定，由业主或建筑单位组织专家论证审查，加强安全技术措施的检查落实。

监理方应检查对吊篮安装、移位和拆卸工人的安全技术交底签字的原始记录。检查吊篮安拆人员持有建筑施工特种作业操作资格证，确保作业人员符合从业准入规定。

吊篮安装前，监理单位应组织吊篮使用方和现场关联单位对临时用电电源及其他用电设施进行共同验收，确保临时用电设施符合《施工现场临时用电安全技术规范》JGJ 46要求。吊篮安装过程中要对施工现场临时用电安全情况进行巡视检查。

二、吊篮安装验收程序控制要点

吊篮安装完毕后，吊篮安拆单位应先行自检，做好吊篮安装自检记录并存档备查。

吊篮使用单位应会同吊篮产权单位、安拆单位、监理单位共同进行吊篮安装验收。

实行施工总包或由建设单位直接分包的，由总包或者建设单位负责组织验收。

三、吊篮安装验收的重点要求

（1）标准型吊篮和定制特殊型吊篮均应由业主或总包单位负责提供满足吊篮企业随机产品使用说明书和安装指导文件所规定的安装架设条件。标准型吊篮和定制的特殊型吊篮的安装、拆卸、检查、使用与维护等项工作均应当遵守吊篮厂家随机产品使用说明书和安装指导文件的有关规定。

为达到吊篮安装支撑要求，由业主或总包单位对建筑物现场吊篮机位支撑处的任何改造和辅助支撑工作，均应单独组织验收通过后，方可移交给吊篮安装工序。

（2）工作钢丝绳和安全钢丝绳不得装在同一挂点（销轴），不得使用缺陷钢丝绳。

（3）当悬挂机构前梁支撑在建筑结构上时，应当有可靠的防止前梁产生滑移和侧翻的措施，支撑处的建筑结构承载力应当大于吊篮各工况的载荷最大值。

（4）悬挑机构前横梁外伸强度、刚度必须满足设计要求，悬臂的距离满足整机稳定力矩与倾覆力矩之比≥3的安全系数要求；前支撑与承接面接触应扎实稳定；悬挂机构横梁安装保持水平，前后高差控制在说明书规定范围，整体只允许前高后低，不允许前低后高。

（5）挂设安全带的安全大绳（也称：生命绳、保险绳）应当固定在具有足够强度的建筑结构上，严禁与吊篮的任何部位连接，安全大绳在建筑物拐角接触处须采取防磨损的保护措施。

（6）每台吊篮必须配备原厂配置的专用配电箱。

（7）吊篮安装验收应当逐台逐项进行，经空载运行试验合格后方可投入使用，（悬吊平台在不小于 2m 行程内升降，测试升降速度和电动机功率，试验三次，记录试验结果。

（8）吊篮安装验收记录经过各责任方确认签字后，存档备查。

（9）安全锁必须在有效标定期限内使用，有效标定期限不大于 12 个月；凡未经安装验收或者验收不合格的吊篮，严禁投入使用。

四、吊篮安装的监理检查重点

（1）加强钢丝绳必须在悬挂机构横梁上方居中布放，按说明书的要求进行张紧。

（2）拉紧加强钢丝绳时，吊耳装置须在横梁中部向后拉，严禁从后支座直接对拉。

（3）安全大绳应固定在有足够强度的建筑物结构上，严禁固定在吊篮结构上。安全大绳在两悬挂支架中间下垂，每台吊篮应配一根安全大绳（也称：生命绳、保险绳），每根安全大绳一般挂接两人。特殊工况上机人数增多时，应增设安全大绳数量。

图 4-50　支架与配重块安装后进行可靠
捆扎固定

（4）安全大绳和电缆在建筑物结构拐角处必须做保护。

（5）钢丝绳在做回弯时，必须使用鸡心环保护，使其圆滑过渡。

（6）前后支架、横梁等结构件必须用可拆卸的标准螺栓紧固，严禁用销轴组装。

（7）支架配重块码放到规定位置后应固定，如图 4-50 所示。使用时应采取防止丢失的可靠措施。

（8）绳坠铁（重锤）应安装在安全钢丝绳下端距地 10～20cm 处。

（9）吊篮悬挂机构前支架的上立柱和下立柱必须在同一条垂直线上。

（10）现场如需使用女儿墙支架（骑马架、钳墙支架）时，应确认女儿墙等墙体结构具有足够强度。女儿墙支架由吊篮厂制造并提供安装指导。

五、吊篮移位作业控制与验收要点

吊篮一般移位作业应由吊篮安拆单位负责，也可在其指导下，经安全技术交底，由吊篮使用单位操作实施，移位完成后，须由吊篮安拆单位进行校验和调试。

吊篮移位的验收，经吊篮使用单位会同产权单位、安拆单位、监理单位共同验收并在验收合格报告上签字后，吊篮方可投入使用。

安装、移位和拆卸屋顶吊篮部件时，其安全防护措施应当符合《建筑施工高处作业安全技术规范》JGJ 80 的有关规定。

第五章 安全操作与作业防护

第一节 人员与环境

一、人员条件

操作人员必须满足以下条件：

（1）年满18周岁，初中以上文化程度。

（2）无不适应高处作业的疾病和生理缺陷。

（3）酒后、过度疲劳、情绪异常者不得上岗。

（4）实施吊篮高处安装、拆卸特种作业时，应佩带附本人照片的特种作业资格证。

（5）作业时应佩戴安全帽，使用安全带。安全带上的自锁钩应扣在单独悬挂于建筑物顶部牢固部位的安全大绳上（也称：生命绳、保险绳）。

（6）设备操作人员不得穿拖鞋或塑料底及其他易滑鞋进行作业。

（7）设备操作人员上机前，必须认真学习掌握使用说明书，必须按程序完成使用前检查，经专业培训合格和现场授权后方可上机作业，使用中严格执行安全操作规程。

（8）操作人员不允许单独一人进行作业（单人型吊篮产品除外）。遇突然停电时，二人可分别操作手动下降装置安全落地。吊篮平台载荷人数应遵守产品说明书和现场施工方案的规定（一般情况下可2人同时上机作业）。特殊施工场合，吊篮平台载荷人数应结合吊篮载荷能力和施工方案安全细则执行。

（9）操作人员必须在地面进出悬吊平台，不得在空中攀缘窗口出入吊篮平台，不允许作业人员从一悬吊平台跨入另一悬吊平台。

（10）作业人员发现事故隐患或者不安全因素，有权要求用人单位和现场主管方采取相应的劳动保护措施。

（11）对管理人员违章指挥，强令冒险作业，设备操作与安拆人员有权拒绝执行。

二、作业环境

（1）正常环境温度：$(-10\sim+55)℃$。

（2）严禁在大雾、暴雨、大雪等恶劣气候条件下进行作业。

（3）不宜在酸碱等腐蚀环境中工作，相对湿度不大于90%。（25℃）

（4）工作处阵风风速大于8.3m/s（相当于5级风力）时，操作人员不准上篮操作。日常作业中估测风力，见表5-1，必要时应查询当地天气预报发布的信息。

（5）正常工作电压应保持在380V±5%范围内。

（6）施工范围下方如有道路、通道时，必须设置警示线或安全护栏，并且在附近设置醒目的警示标志，设置安全监督员。

（7）夜间施工时现场应有充足的照明设备，其照度应大于150Lx。

（8）作业现场吊篮任何部位和路径点与高压线及高压装置之间应有足够安全距离，一般不少于10m。

风力估测表 表5-1

风力		风速（m/s）	现象
0	无风	0.3	烟一直向上
1	轻风	0.3～1.4	看烟可知风向，风向标不转
2	轻微风	1.4～3	树叶摇动，人的面部能感觉到风
3	轻微风	3～5.3	树叶和小树摇动
4	弱风	5.3～7.8	尘土和纸张被吹起
5	强弱风	7.8～10.6	水面上有小波浪
6	强风	10.6～13.6	旗杆弯曲，打伞行走困难
7	强风	13.6～16.9	树在晃动，迎风行走困难
8	暴风	16.9～20.6	树枝断裂，在开阔地行走困难
9	暴风	20.6～24.4	对建筑物有小的损害
10	大暴风	24.4～28.3	对建筑物有较大损坏，树连根拔起

第二节　操　作　规　程

高处作业吊篮是高空载人作业设备，要特别重视其安全操作和使用。使用时，应遵守并执行国家和地方颁布的高处作业、劳动安全、安全施工、安全用电及其他有关的法规、标准。严格遵守吊篮安全操作和使用规则，履行岗前培训、作业前安全交底、安全防护措施检查等规定的程序。作业前安全交底和安全培训场景，如图5-1所示。

图5-1　吊篮作业前安全交底和安全培训

（1）高处作业吊篮必须由通过技术培训考核的合格人员和操作者实施操作、维护、保养及其他所需工作。

（2）进入吊篮人员必须系安全带，戴好安全帽。安全带必须扣住独立设置的安全绳。安全带遵守"高挂低用"原则。

（3）操作人员上机前，必须认真学习和掌握制造商随机手册和《吊篮使用说明书》的内容。使用前必须按检验项目逐项进行检验，检验合格，方可投入使用；使用中严格执行安全操作规程；使用后认真做好维护保养工作。

（4）吊篮严禁超载（吊篮的载重量包括人员的重量在内），载荷在平台全长度上分布应基本均匀。当施工高度较高及前梁伸出长度超出规定范围时，平台载重量必须相应减少，风力较大时，须考虑风压的影响（相当于增加平台的载重量）。施工中必须保证悬挂机构的配重抗倾覆力矩大于由吊篮升降部分自重、钢丝绳自重、重锤、额定载荷及风载荷所引起的倾覆力矩的3倍。严禁吊篮带病作业。

（5）在正常工作中，严禁触动滑降装置或用安全锁（离心限速式）刹车。

（6）操作人员在悬吊平台内，使用其他电器设备时，必须用独立电源供电。

（7）在高压线周围作业时，吊篮的任何部位应与高压线保持10m以上安全距离。按用电规程，高压线周围作业报有关部门批准，采取防范监护措施后，方可实施。

（8）悬吊平台悬挂在空中时，严禁随意拆卸提升机、安全锁、钢丝绳等。由于故障确需修理的，应由合格专职人员落实安全可靠的措施后方可实施。

（9）吊篮不宜在粉尘、腐蚀性物质或雷雨、五级以上大风等环境中工作。

（10）拼装式悬吊平台的拼装长度不得超过吊篮产品说明书所规定的长度。

（11）不允许在悬吊平台内使用梯子、凳子、垫脚物等进行作业。

（12）吊篮不允许作为载人和载物电梯使用，不允许在吊篮上另设吊具用于起重作业。

（13）若在工作中发生工作钢丝绳断裂、提升机异常声响等紧急情况，操作人员应沉着冷静，立即停机并撤离平台，严禁继续下行。设备故障及时报请专职维修人员处理。

（14）吊篮下方地面为行人禁入区域，需做好隔离措施并设有明显的警告标志。其他有关施工安全技术、现场操作安全措施、劳动保护及安全用电、消防等要求，应严格按国家和地方颁布的有关规定执行。

（15）悬吊平台两侧倾斜超过15cm时应及时调平，否则将严重影响安全锁的使用，甚至损坏内部零件。

（16）悬吊平台栏杆四周严禁用不透风的材料围挡，以免增加风阻系数造成安全隐患。

（17）钢丝绳不得弯曲，不得沾有油污、杂物，不得有焊渣和烧蚀现象，严禁将工作钢丝绳、安全钢丝绳作为电焊的低压通电回路。

（18）吊篮必须使用吊篮厂说明书规定参数型号的钢丝绳，不同厂家吊篮提升机使用的钢丝绳不能混用或错用。钢丝绳的检验和报废请按《起重机 用钢丝绳检验和报废实用规范》GB/T 5972执行，达到前述报废标准的钢丝绳必须报废。

（19）吊篮若需就近整体移位，须先切断电源，将钢丝绳从提升机和安全锁内退出，之后再行实施整体移位。

（20）插、拔电源线的航空插头之前，必须先切断电源线的电源。

（21）吊篮作业过程中，提升机、安全锁内严禁砂浆、胶水、废纸、油漆等异物侵入。每天使用结束后，应将悬吊平台降至地面，放松工作钢丝绳，使安全锁摆臂处于松弛状态。关闭电源开关，锁好电器箱。露天存放应落实防雨措施，避免雨水侵入提升机、安全锁、电器箱。

（22）专职检修人员应定期对整机各主要部件进行检查、保养和维修，做好记录，发现故障应以书面方式呈报现场管理者和主管机构。

（23）吊篮在使用过程中应严格遵守安全规定，吊篮操作过程中避免频繁点动。确需点动动作时，二次点动间隔的时间应大于1s。

（24）严禁将吊篮用作输送建筑材料或建筑垃圾的起重运输工具，使吊篮处于频繁升降和长期连续运行状态。

（25）小物件放置于专设的随机/随身置物袋中，防止空中坠物伤人。

第三节 重点部位安全注意事项

一、悬挂机构

（1）操作前，应全面检查焊缝是否脱焊和漏焊，连接销轴、螺栓等是否齐全、可靠。

（2）旋转丝杠使前轮离地，但丝杠顶端不得低于螺母上端，支脚垫木不小于 $4cm\times20cm\times20cm$。

（3）配重块不得短缺。应符合使用说明书中的要求，并设防滑落和丢失的固定措施。

（4）悬挂机构两吊点间距应与悬吊平台两吊点间距相等，其误差≤5cm。

二、悬吊平台和提升机

（一）操作

悬吊平台和提升机的操作动作、电控箱及手持开关，如图5-2、图5-3所示。

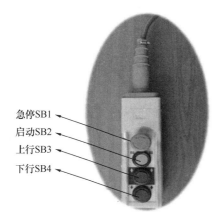

实行双按钮操作：

上行：同时按下启动按钮 SB2 和上行按钮 SB3，提升机向上运行；

下行：同时按下启动按钮 SB2 和下行按钮 SB4，提升机向下运行；

急停：紧急情况时按下急停按钮 SB1，主接触器断电，提升机立即停止运行；在确定安全的情况下，旋转急停按钮 SB1 弹出，可恢复正常使用。

图5-2 悬吊平台和提升机的操作动作

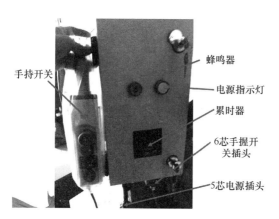

图5-3 电控箱及手持开关实物图

（二）注意事项

（1）悬吊平台上应尽量使载荷分布均匀，不得超载。

（2）悬吊平台按使用所需长度（不能超出原厂产品使用说明书上规定的长度）拼装连接成一体（包括两端端头挂架）。

（3）各部件的连接螺栓应紧固。焊接点的焊缝不应脱焊和漏焊。

（4）禁止在悬吊平台内用梯子或其他装置取得较高工作高度。

（5）不准将吊篮作为垂直运输和载人设备使用。

（6）悬吊平台倾斜应及时调平，否则将影响钢丝绳、提升机、安全锁的使用。

（7）悬吊平台运行时，操作人员应随时密切注意上、下方运行路径有无障碍物，以免引起碰撞或其他事故。向上运行时要注意钢丝绳上限位应正常设置并动作有效。

（8）在悬吊平台内进行电焊作业时，不能把悬吊平台及钢丝绳当作接地线用，应采取适当的防护措施。

（9）必须经常检查电机、提升机是否过热。如有过热现象，应停止使用。吊篮外露传动部分，应装有防护装置。

（10）悬吊平台内无杂物，作业前后应及时清理，保持整洁。

（11）发生故障时，应请专业人员修理。

（12）严禁对悬吊平台猛烈晃动、"荡秋千"等。

（13）吊篮主要结构件腐蚀、磨损深度达到原结构件 10％ 时，应予报废。

（14）主要结构件焊缝发现裂纹时，应分析原因，进行修复或报废。

三、安全锁

（1）安全锁在工作时应处于开启和自动工作状态，无需人工干预操作。

（2）安全锁无损坏、卡死，动作灵活，锁绳可靠。

（3）重新打开安全锁时，首先应点动驱动吊篮上升，使安全钢丝绳稍松后，方可扳动开启手柄，打开安全锁。

（4）安全锁须有出厂检验合格证，在有效期限内使用。若出现故障或标定超期，须重新检定合格后方可使用。

（5）严禁事项：

1）人为固定安全锁的开启手柄，使其自动装置失效。

2）安全钢丝绳绷紧情况下，强行对安全锁扳动开启手柄。

3）安全锁锁闭后，擅自开动机器下降。

4）用户自行拆卸修理提升机和安全锁。

四、限位装置、安全带及安全大绳

（1）上限位、超载限位装置应保证齐全、可靠。安全钢丝绳上限位碰铁与安全锁限位开关接触后，触发安全锁自动锁绳，如图 5-4 所示。

（2）安全带及安全大绳的检测指标均应符合国家标准《安全带》GB 6095 的规定。

（3）吊篮采购应选择质保体系完善、质量品质达标、证明文件齐全的合格产品，安全带通过锁绳扣与安全大绳（保险绳、生命绳）可靠挂接，如图 5-5 所示。

（4）安全使用注意事项：

1）使用前必须检查，若发现破损，应立即停止使用；

图 5-4　安全钢丝绳上限位碰铁与安全锁限位开关的正确激发位置

图 5-5　安全带通过锁绳扣与安全大绳（保险绳、生命绳）挂接

2）佩戴时，将活动卡子系紧；

3）安全带保持清洁，用完后妥善存放好。弄脏后可用温水及肥皂清洗，在阴凉处晾干，不可用热水泡洗或日晒、火烧；

4）使用一年后的保险绳要做全面检查，抽检其中 1% 做拉力试验，以各部件无破损或重大变形为合格，其余可继续使用；

（5）抽检试验之后的安全带、安全绳不得再次使用。

五、电气系统

（1）电气系统中的元件均应排列整齐，连接牢固，安装在电器箱内绝缘板上，必须保证与电器箱外壳绝缘。其绝缘电阻值不得小于 $2M\Omega$。

（2）吊篮电源电缆线应采取保护措施固定在设备上，防止插头接线受力而引起断路、短路。

（3）电器箱的防水、防震、防尘措施应可靠，电器箱门应能可靠锁闭。

（4）电气系统有可靠接地装置，接地电阻应小于 4Ω，并有明显的安全接地标志。

（5）电气元件及限位传感器件须灵敏可靠。

（6）吊篮篮体上 220V 电源插座的接零装置应牢固。

（7）电动机外壳温升超过 65K 时，应暂停使用提升机。

（8）电动机起动频率不得大于 6 次/分，连续不间断工作时间应小于 30 分钟。

（9）电缆线悬吊长度超过 100m 时，应采取电缆抗拉保护措施。

（10）使用结束，关闭电源开关，锁好电器箱。

六、钢丝绳

（1）必须按吊篮使用说明书配置使用规定参数型号的钢丝绳。

（2）钢丝绳穿绳动作与路径应正确，符合使用说明书的规定。

（3）钢丝绳的绳坠铁（重锤）应悬挂齐全，安装位置下沿一般距离地面为 15cm，如图 5-6 所示。

（4）钢丝绳报废应符合《起重机　钢丝绳　保养、维护、检验和报废》GB/T 5972

图 5-6　钢丝绳的坠铁的安装位置

的规定。一般出现下列情况之一者，必须立即报废。

1）对于吊篮用钢丝绳，在 $6d$（d 为钢丝绳直径）长度范围内出现 5 根以上及在 $30d$ 长度范围内出现 10 根以上断丝时。

2）断丝局部聚集。当断丝聚集在小于 $6d$ 的绳长范围内，或集中在任一绳股内，即使断丝数小于上述断丝数值，也应报废。

3）出现严重扭结、严重弯折、压扁、钢丝外飞、绳芯挤出以及断股等现象。

4）钢丝绳直径减少 7%。

5）表面钢丝磨损或腐蚀程度达到表面钢丝直径的 40% 以上，钢丝绳明显变硬。

6）由于过热或电弧造成钢丝绳损伤。

七、班前检查

日常班前检查的主要项目见表 5-2。

日常班前检查主要项目表　　　　　　　　　　　　　　　　　　表 5-2

序号	检查部位	主要检查项目
1	电气系统	各插头与插座是否松动
		保护接地和接零是否牢固
		电源电缆的固定是否可靠，有无损伤
		漏电保护开关是否灵敏有效
		各开关、限位器和操作按钮动作是否正常
2	悬挂机构	前后支架安装位置是否被移动
		配重块是否缺损、码放是否牢靠、是否固定
		紧固件和插接件是否齐全、牢靠
		加强钢丝绳有无损伤或松懈现象
3	钢丝绳	有无断丝、毛刺、扭伤、死弯、松散、起股等缺陷
		局部是否附着混凝土、涂料或黏结物或结冰现象
		接头绳夹是否松动、钢丝绳有无局部损伤
		上限位装置（挡铁）和下端绳坠铁（重锤）是否移位或松动

序号	检查部位	主要检查项目
4	安全带及安全保险绳	安全带的自锁器安装方向是否正确
		安全保险绳有无断丝、断股或松散现象
		接头连接处及固定端是否牢固可靠
5	安全锁	动作是否灵敏可靠
		锁绳角度是否在规定范围内或快速抽绳是否锁绳
		与吊架连接部位有无裂纹、变形、松动
6	提升机	运转是否正常、有无异响、异味或过热现象
		制动器有无打滑现象；摩擦片间隙是否符合说明书要求
		手动滑降是否灵敏有效
		润滑油有无渗、漏，油量是否充足
		与吊架连接部位有无裂纹、变形、松动
7	悬吊平台	有无弯扭或局部变形，焊缝有无裂纹
		紧固件和插接件是否完整
		底板、护板和栏杆是否牢靠。工况必要时，应检查下限位装置

检查结果记入附录 3《高处作业电动吊篮班前日常检查表》。

第四节　高处作业常识

一、高处作业定义与分类

（1）定义：根据有关国家标准的规定："凡在坠落高度基准面 2m 以上（含 2m），有可能坠落的高处进行的作业均称为高处作业。"坠落高度的基准面，即通过坠落时最低着落点的水平面。根据高处作业的这一定义，包含三个涵义，一是落差等于或大于 2m 的作业处；二是作业处有可能导致人员坠落的洞、孔、坑、沟、井、槽及侧边等；三是落差起点定为 2m，一般情况人员坠落会引起伤残或死亡，必须制定必要的安全措施。

根据标准的定义，无论作业位置在多层、高层或是平地，都有可能处于高处作业的场合。建筑物内在建的楼梯边、阳台边，电梯井道、各类门窗洞口等处的作业，凡有 2m 及以上坠落距离的，均属于高处作业；如基坑边、池槽边等处，即使人员在平地±0 标点附近进行作业，只要有 2m 及以上的落差距离，同样属于高处作业。

（2）分级分类：按照国家标准《高处作业分级》GB 3608 的规定，高处作业按作业点可能坠落的坠落高度划分，可分为四个级别，即坠落高度 2~5m 时为一级高处作业；5~15m 时为二级高处作业；15~30m 时为三级高处作业；大于 30m 时为特级高处作业；坠落高度越高，坠落时的冲击能量越大，危险性也越大。同时，坠落高度越高，坠落半径也越大，坠落时的影响范围也越大，因此对不同高度的高处作业，防护设施的设置、事故处理的分析等均有不同。一级高处作业的坠落半径为 2m，二级高处作业的坠落半径为 3m，三级高处作业的坠落半径为 4m，特级高处作业的坠落半径为 5m。

按高处作业的环境条件如气象、电源、突发情况等，又可分为一般高处作业及特殊高处作业：一般高处作业即正常作业环境下的各项高处作业；特殊高处作业是在危险性较大、较复杂的环境下进行的高处作业，又可分为以下八类：

1）强风高处作业：在阵风风力 6 级（风速 10.8m/s）以上的情况下进行的高处作业；

2）异温高处作业：在高温或低温环境下进行的高处作业；

3）雪天高处作业：降雪时进行的高处作业；

4）雨天高处作业：降雨时进行的高处作业；

5）夜间高处作业：窒外完全采用人工照明时进行的高处作业；

6）带电高处作业：在接近或接触带电体条件下进行的高处作业；

7）悬空高处作业：在无立足点或无可靠立足点条件下进行的高处作业；

8）抢救高处作业：对突发的各种灾害事故进行抢救的高处作业。

在上列八类特殊高处作业中，建筑施工现场经常遇到是夜间作业和悬空作业二类，其他大多属于一般高处作业。

（3）高处作业的安全技术措施，主要包括：

1）根据不同的高处作业场合，应设置相应的防护设施，如防护栏杆、挡脚板、洞口的封口盖板、临时脚手架和平台、扶梯、隔离棚、安全网等。安全防护设施必须牢固、可靠，符合标准的规定。

2）必要时应设置通讯装置，并指定专人负责：

3）高处作业周边部位，应设置警示标志，并按级别、类别作出标记（特殊高处作业的种类可省略），例如："三级，一般高处作业"；"二级，夜间高处作业"等。

4）夜间的高处作业应设置足够的照明，临边洞口、深井通道处应挂有红色警示灯。

5）凡从事高处作业的人员，应经体检合格，达到法定劳动年龄，具有一定的文化程度，接受规定的安全培训；特殊高处作业人员经培训合格，符合从业准入条件，获现场授权具有作业资格后，方可上岗。

6）施工单位应为高处作业人员提供合格的安全帽、安全带等必要的安全防护用具；作业人员应正确佩戴和使用。

7）高处作业的工具、材料等，严禁抛掷；作业人员应沿规定路线和专设的施工扶梯及通道上下，严禁跨越或攀登防护栏杆、脚手架和平台等临时设施的杆件。

8）雷暴雨、大雪、大雾，工作处阵风风速达到五级（8.3m/s时）气候条件，不得进行露天高处作业。

9）高处作业实施前，应制定施工方案，由技术负责人审批签字；对安全防护设施应组织验收，不合格的应及时整改；验收合格后应由有关责任人员签字方可实施。

10）临时拆除或变动安全设施的，应经项目技术负责人审批签字，经组织验收合格，并由有关技术安全人员签字后方可实施。

以上，高处作业必须满足的四个条件：现场设施（硬件）条件、人员条件、气象条件、技术保障条件。在高处作业期间，应加强安全巡查，建立安全员值班制度，指定专职巡查员。

第五节　个人防护措施的检查验收

（1）高处作业操作人员入场前严禁饮酒和服用不良反应的药物，保持良好健康状况。应首先检查安全防护措施是否做好，安全防护设备是否合格。安全带正确佩戴方式，如图5-7所示。连接器的正确使用，如图5-8所示。

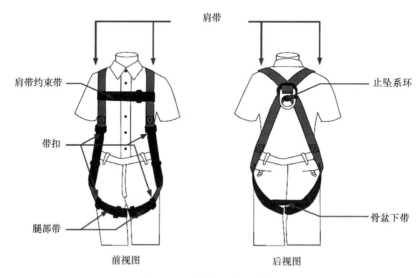

图 5-7　安全带正确佩戴方式

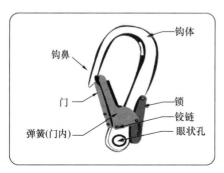
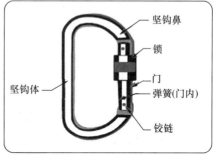

图 5-8　连接器的正确使用

安全带和连接器的日常检查项目包括：

装配环或吊带体是否损坏，在检查纺织部件时应检查，磨损或老化以及割破和磨损程度，有无腐蚀变色灼烧和变硬现象。联接钩有无明显的损坏或变形，尤其是在接触点，应去除生锈，侵蚀和化学品污染及杂质堵塞，确保铰销和挡杆功能正常。

（2）操作人员应穿戴安全防护服装，不要佩带戒指、手表、首饰和其他悬挂物品，不要戴领带、丝巾等，应将工作服拉链或纽扣系好。不敞开工作服作业，以免衣服可能会卡到移动部件里，发生危险。存在特种作业的工况下，应落实特种人员资格并实施安全交底，确认专项防护措施齐全到位，方能允许入场实施作业。

操作人员安全防护要点，如图5-9所示。

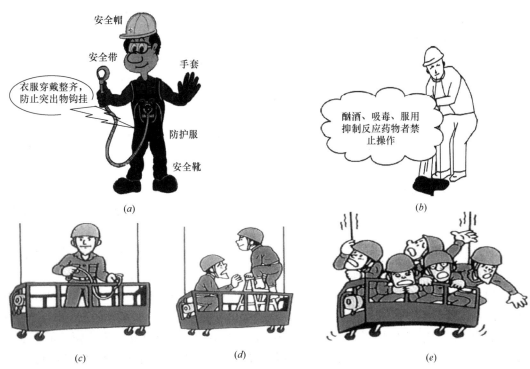

图 5-9　操作人员安全防护要点

(*a*) 正确佩戴安全防护用品；(*b*) 身体健康方可允许操作；

(*c*) 佩戴安全帽安全带等；(*d*) 吊篮内不要使用梯子；(*e*) 必须遵守载荷规定

第六节　安全防护设施的检查验收

高处作业的安全防护设施，必须按有关规定、分类别进行逐项检查和验收，验收合格后方可进行高处作业。

(1) 验收方式：可按工程进度分阶段进行；也可按施工组织设计分层进行。

(2) 验收内容见表 5-3。

安全防护设施的检查验收表　　　　　　　　　　　　　　　　　表 5-3

序号	项　目	检查验收的内容
1	整体检查和验收	所有高处作业场合的安全措施设置情况，是否规范，符合要求
2	工具、材料检查验收	所用扶梯、钢管、扣件、型钢、竹木材料等的材质、外观是否符合要求；安全网、折梯等外购件，是否有合格证明，必要时应进行合格验证。安全帽、安全带、防滑鞋等个人安全防护用具是否齐全完好
3	安装固定连接验收	平台、临时脚手架的搭设强度、刚度及整体稳定性；防护栏杆、栅栏门、安全网的固定情况；洞口防护设施、交叉作业隔离设施的设置情况等，扣件或其他绑扎的紧固程度
4	各类警示设施	高处作业标志、警示区域设置、深井通道及洞口、基坑等，夜间警示红灯的设置

(3) 资料管理：

高处作业的安全技术管理，应具备以下资料：

1）施工组织设计及有关验算数据；

2）安全防护设施的验收、检查记录；

3）安全防护设施的整改、复查、变更记录及签证。

高处作业的安全防护设施，经检查不合格，必须按时整改、复查合格方可进入作业；施工期内，应定期进行检查。

第七节　防护用品的选用

一、安全帽

"安全帽、安全带、安全网"称为建筑工地"救命三宝"，《建筑施工安全检查标准》JGJ 59 规定了对"三宝四口"的检查专项内容。

制作安全帽的材料品种较多，有塑料、玻璃钢、藤竹等，无论选用哪种安全帽，都应是满足下列要求的合格产品：

（1）耐冲击性：将 5kg 重的钢锤自 1m 高处自由落下，冲击安全帽，形成的冲击力不应超过 5000N（颈椎内冲击极限）。

（2）耐穿透性：用 3kg 重的钢锥，自 1m 高处自由落下，钢锥穿透安全帽，但不能碰到头皮。这就要求，在戴帽情况下，帽衬顶部、侧部与帽壳内每一侧距离均保持在5～20mm。

（3）耐温、耐水性：根据安全帽的不同材质，在＋50℃、10℃及水浸三种方法处理后，仍能达到上述的耐冲击、耐弃透性能。

（4）安全帽的侧向刚性应达到有关规范要求。

二、安全带、安全大绳、工作钢丝绳

悬吊平台操作人员应按规定系挂安全大绳，安全大绳的挂点应设在建筑物主体结构上并可靠连接。

吊篮应设置为作业人员挂设安全带专用的安全大绳和安全锁扣。悬吊平台操作按设备使用说明书正确布设和使用工作钢丝绳和安全钢丝绳，确保操作人员生命安全和作业安全。安全锁扣方向正确（箭头向上）。安全锁扣与安全大绳可靠挂接，如图 5-10 所示。

图 5-10　安全锁扣与安全大绳可靠挂接

安全带应选符合标准的合格产品，使用时要注意以下几点：

（1）安全带应高挂低用、防止摆动和碰撞；安全带上零部件不得任意拆卸。

（2）安全带使用二年，使用单位应按购进数量的一定比例，作一次抽检；用80kg砂袋做自由落体试验，若未破断，该批安全带可继续使用，但抽检的样带应更新使用；若试验不合格，该批安全带就应报废。

（3）安全带在荷载下安全作用过一次，或外观破损、有异味时，应及时更换。

（4）未受荷载的安全带，使用3～5年应立即报废。

三、安全网

（1）安全网的种类：按其功能和材料可分为锦纶（大眼）安全网、密目式安全网两类、根据使用场合的受力情况不同，锦纶（大眼）安全网按其规格、尺寸和强度要求，又可分为平网与立网两种。

（2）安全网的使用场合：平网用来承接人和物坠落的垂直载荷，故基本按水平方向安装。立网用来阻挡人和物坠落的水平载荷，故基本按垂直方向安装。平网的使用场合较为广泛，如深井通道、外脚手架、交叉作业等的防坠隔离。密目安全网主要用于脚手架、作业平台、临世设施等高处作业的围挡。立网、平网，如图5-11所示。

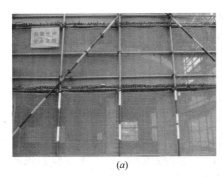 

（a）　　　　　　　　　　（b）

图5-11　安全立网、安全平网

（a）安全立网（编织网、钢制网）；（b）安全平网

（3）安全网的产品要求：

1）平网和立网：一般都用白色锦纶、维纶或尼龙编织成方形或菱形网眼，图5-11所示。禁止用性能不稳定的丙纶制作。网目边长不得大于10cm；围网的边绳和拉结用系绳的抗拉强度：平网不低于7350N，立网不低于2940N；耐冲击性能：平网应能承受10m高度，100kg的砂包冲击试验；立网应能承受2m高度，100kg的砂包冲击试验。

近年来，北京等地出现钢制安全立网，安装维护简便，不变形，周转优势明显。

2）密目式安全网：应采用阻燃性的化纤材料制作。孔目数为10cm×10cm面积内，不小于2000目（孔径不大于2.2mm）；耐贯穿性能：水平夹角为30挂网后，网中心上方3m高处，5kg重的脚手架钢管自由落下（管口削平向下），不应被贯穿；耐冲击性能：水平夹角为30°挂网后，网中心上方1.5m高处，100kg重砂袋自由落下，网边撕裂长度应小于200mm。密目式安全网，如图5-11所示。

（4）安全网的使用注意事项：

1) 施工现场选用安全网，必须有产品合格证明或符合要求的试验证明。

2) 多张网连接使用，应紧靠或重叠；安全网的拉结、支撑、连接应牢固可靠，系绳固结点与网边要均匀分布，系结点与网边间距不大于 75cm。

3) 应根据使用场合选用合适的安全网，立网不能代替平网。

4) 在输电线路附近安装安全网时，须向有关部门请示，获准后采取防触电措施。

5) 安全网张挂高度，遵从如下规定：高处作业超过 15m 时，应在以下 4m 处张挂平网；交叉作业场合，应在建筑物二层起张挂安全网；落地脚手架两步起，应设立网，八步起应设平网；平网的负载高度（间距）一般不超过 6m，因施工特殊需要超高张挂时，最大不得超过 10m。

6) 安装平网应外高里低，与水平面成 15° 为宜；平网伸出建筑物或脚手架等施工设施边沿距离，不得少于 2.5m，负载高度为 5～10m 时，不得少于 3m。

第八节　危　险　源　的　识　别

一、吊篮重点部位易发风险及成因

管控吊篮主要危险源。应关注以下节点工序：

（1）对悬挂机构支撑点处结构承载能力进行复核确认（尤其对于安装于构架梁、悬挑板等特殊支撑部位）；

（2）每次安装后，由检验单位在检验报告中明确本次安装状况下的核定允许载荷；

（3）规范定制型特殊吊篮安装："特殊型"安装部位应作为必查的项目之一，悬空安装部位应具备检查人员安全到达的条件。"特殊型"吊篮检验项目除了常规检验项目外，检验报告中应明确吊篮安装形式，增加与"特殊型"吊篮安装方式有关的项目包括"固定情况、紧固与防松、构配件规格、方案符合性核查、允许载重量等"，并在检验报告中载明非标吊篮重要安装节点的图像，检验机构应对出具的检验结论负责；

（4）检查并保持安全防护、劳动保护用品规范使用；

（5）检查并保持安全锁性能良好；

（6）应设置作业人员专用安全大绳，安全绳应固定在建筑物可靠位置上，不得与吊篮任何部位连接，特殊工况需要吊篮多人作业时，应增设安全大绳，每根挂接不超过两人；

（7）电焊作业防钢丝绳烧蚀，不得用吊篮做接地使用；

（8）重视安装过程的工序检查；

（9）吊篮任何部位与高压输电线的安全距离不应小于 10m；

（10）移位后的检查与验收；

（11）认真、严格地落实日常检查、专项检查、日常维护等。

吊篮重点部位的易发作业风险，见表 5-4。

吊篮重点部位的易发作业风险表　　　　　　　　　　　　　　表 5-4

序号	风险点	原因分析
1	安全带	安全带作业人员在吊篮上作业不佩戴安全带、不按规定正确佩戴安全带以及安全带没有按照要求挂在安全大绳上

续表

序号	风险点	原因分析
2	安全大绳	吊篮没有按要求正确配备和设置安全大绳、安全大绳未与建筑物结构可靠连接、安全大绳强度不满足要求、安全大绳在外墙等直角部位没有防磨损保护措施
3	钢丝绳	吊篮选用钢丝绳绳径偏小，使用中磨损严重未及时报废、存在电焊火花损伤
4	安全锁	安全锁在使用前没有进行检测或安全锁不灵敏、失效、锁绳角度不满足要求
5	绳卡	固定钢丝绳用的绳卡数量不够、规格不符、方向错误、间距不符合要求
6	限位	吊篮没有安装超高限位、限位失灵，吊篮悬挑梁前方没有安装行程上行限位装置（上限位挡铁）
7	配重	吊篮的配重不满足重量要求，配重块被挪动，临时物料替代配重等
8	螺栓	吊篮悬挑梁、底座、吊篮平台在拼装时螺栓的强度不够、数量不足、固定不牢固
9	悬挂机构	吊篮的前后支臂（尤其是前支臂）无可靠支撑点，前梁的伸出长度超出规范要求
10	人员违规与违章	吊篮安装、拆卸、高空作业等人员未持特种作业资格证，违反从业准入要求。作业人员未经培训合格，违反操作规程，吊篮内嬉笑打闹，从楼层、空中攀沿窗户进出吊篮等
11	天气	工作处阵风风速大于 8.3m/s（相当于 5 级风力）时，大雨、大雾等恶劣天气使用吊篮从事室外高空作业。夜间或不良视线下作业
12	运动物危害	反铲等挖掘机在吊篮钢丝绳绳坠、钢丝绳布放区域施工时（尤其进入室外管沟施工阶段），挖掘机操作员操作失误，机械勾拉钢丝绳易造成吊篮倾翻
13	物体坠落	工具脱手，吊篮平台摆放杂物，人员走动碰撞或码放不合理发生坠落伤人
14	触电	吊篮用电达不到三级配电要求，从总箱内直接接线。吊篮开关箱、用电工具等进出电线存在破皮、老化、漏电现象
15	高空火灾	利用吊篮高处焊接作业，未采取必要防护或防护不到位，导致火灾

二、吊篮作业现场常见危险源及预防措施

吊篮作业现场常见危险源及其预防措施，见表 5-5。

常见危险源列表　　　　　　　　　　　　　　　　表 5-5

序号	危险源	风险及其后果描述	预控措施
1	未注意天气变化，阵风风速变化大	悬吊平台在空中晃动过大，不能正常作业或发生坠落危险	天气恶化时应及时停止施工，并将平台降落地面固定
2	未检查周围环境	易造成升降时相撞或影响正常操作	检查平台升降通道无障碍物，便于操作和瞭望
3	低温或暴晒施工	冻伤，人员动作不灵活、中暑	注意天气预报和作业安全巡视
4	未进行安全检查	易造成事故隐患持续，设备带病作业	检查平台连接，提升机、安全锁连接螺栓和连接焊缝锈蚀情况
5	未进行钢丝绳检查	易造成钢丝绳抽伤、破断、跑车、损坏提升机内部件、撞伤人员事故	钢丝绳必须符合要求，无断丝、断股、弯曲、打结，在悬挂装置端固定牢固

续表

序号	危险源	风险及其后果描述	预控措施
6	作业前未检查安全锁锁绳性能	安全锁可能处于失效状态	每天工作前检查安全锁锁绳性能，专人记录检查情况并签字验收
7	未检查屋面悬挂装置及配重	加强钢丝绳松弛、配重未固定或缺失、悬挂系统失衡	每天工作前检查，作好记录
8	未检查防坠安全大绳	安全措施未确认，危险作业，易造成防护失效	检查坠落防护安全绳的固定端和绳的状态
9	未检查供电电缆	易造成漏电或断裂	检查电缆的连接端，检查电缆表皮是否完好
10	运行时检查电缆及钢丝绳的缠绕	易出现钢丝绳损伤，电缆损伤，缠绕损坏成品	平台升降路径上应时刻留意观察和巡视检查
11	提升速度不平稳	易导致安全锁锁绳动作	平台内载荷应均匀放置

三、有关钢丝绳的危险识别

钢丝绳出现《起重机 钢丝绳 保养、维护、检验和报废》GB/T 5972 规定的报废现象，应根据标准进行判定并妥善处理。

在一般日常检查中，钢丝绳出现表 5-6 中情况时，应立即妥善处理，必要时应联系制造商更换钢丝绳。

影响吊篮正常使用功能的各类钢丝绳损伤情况示例表　　　　表 5-6

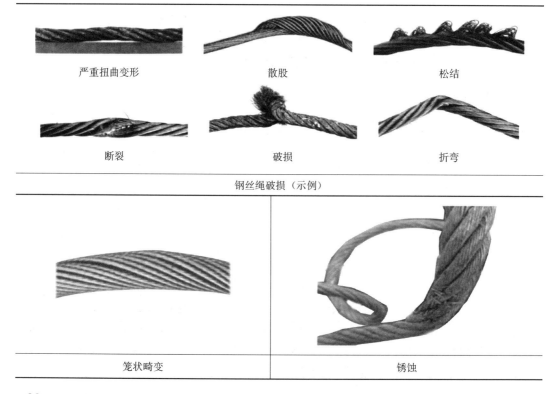

钢丝绳破损（示例）

| 笼状畸变 | 锈蚀 |

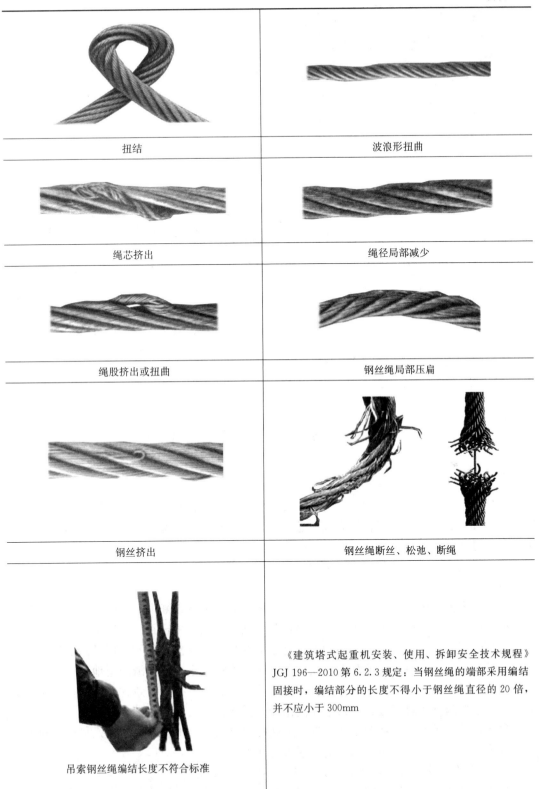

扭结	波浪形扭曲
绳芯挤出	绳径局部减少
绳股挤出或扭曲	钢丝绳局部压扁
钢丝挤出	钢丝绳断丝、松弛、断绳
吊索钢丝绳编结长度不符合标准	《建筑塔式起重机安装、使用、拆卸安全技术规程》JGJ 196—2010 第 6.2.3 规定：当钢丝绳的端部采用编结固接时，编结部分的长度不得小于钢丝绳直径的 20 倍，并不应小于 300mm

钢丝绳头为施工现场自制，钢丝绳未能正常进入分绳器导致提升机卡绳、箱体开裂

施工现场违规自制钢丝绳头

 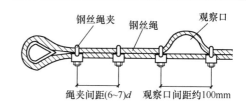

钢丝绳夹间距应达到钢丝绳直径的 6~7 倍，观察口间距约 100mm。应定期检查观察口，如果发现存在缩小现象，证明钢丝绳由滑动发生。此时应紧固钢丝绳夹，避免钢丝绳滑落导致事故发生

钢丝绳夹间距设置未达到钢丝绳直径的 6~7 倍

第九节　紧急状况下的应急措施

一、应急措施

在施工过程中有时会遇到一些特殊或突发情况，此时操作人员首先要保持镇静，按照应急预案和自救流程，采取合理有效应急措施，果断化解或排除险情，切莫惊慌失措，束手无策，延误排险时机，造成不必要的损失。

下面介绍几种典型紧急状况下采取的一般应急措施。

（一）施工中突然断电

施工中突然断电时，应立即关上电器箱的电源总开关→切断电源，防止突然来电时发生意外→然后与地面或屋顶有关人员联络，判明断电原因→决定是否返回地面。

若短时间停电：待接到来电通知后→合上电源总开关→检查正常后再开始工作。

若长时间停电或设备故障断电：及时采用手动方式使平台平稳滑降至地面。

当确认手动滑降装置失效时，应与篮外人员取得联络→按照应急预案的流程和要点采取可靠安全措施→通过附近窗口安全撤离吊篮悬吊平台。

注意：此时千万不能贪图方便，擅自采取跨过悬吊平台护栏的危险方式，钻入附近窗口离开吊篮悬吊平台，以防不慎坠落造成人身伤害。

（二）平台升降过程中，松开按钮后平台不能停止运行

吊篮上升或下降的操控按钮为点动型按钮，正常情况下，按住上升或下降按钮，悬吊

平台向上或向下运行，松开按钮便停止运行。当出现松开按钮却无法停止平台运行时，应立即按下电器箱或按钮盒上的红色急停按钮，或立即关上电源总开关，切断电源使悬吊平台紧急停止。然后用手动滑降使悬吊平台平稳落地。

必须请专业维修人员在地面排除电器故障后，再进行作业。

（三）在上升或下降过程中平台纵向倾斜角度过大

当悬吊平台倾斜角度过大时：及时停机→将电器箱上的转换开关旋至平台单机运行挡→然后按上升或下降按钮直至悬吊平台接近水平状态为止→再将转换开关旋回双机运行挡，继续进行作业。

如果在上升或下降的单向全程运行中，悬吊平台需进行二次以上（不含二次）的上述调整时：及时将悬吊平台降至地面→检查并调整两端提升电动机的电磁制动器间隙使之符合《电动机使用说明书》的要求→然后再检测两端提升机的同步性能。若差异过大，应更换为一对同步性能较好的电动机配对使用。

使用防倾斜式安全锁的高处作业吊篮，在下降过程中出现低端安全锁锁绳时，也可采用上述方法，使悬吊平台调平后，便可自动解除安全锁的锁绳状态。

（四）工作钢丝绳突然卡在提升机内

钢丝绳松股、局部凸起变形或粘结涂料、水泥、胶状物时，均会造成钢丝绳卡在提升机内的严重故障，此时应立即停机。严禁用反复升、降操作来强行排除险情。这不但排除不了险情，而且，轻则造成提升机进一步损坏，重则切断机内钢丝绳，造成悬吊平台一端坠落，甚至机毁人亡。

发生卡绳故障时，机内人员应保持冷静，在确保安全的前提下撤离悬吊平台，并派经过专业训练的维修人员进入悬吊平台进行排险。

排险时，首先将故障端的安全钢丝绳缠绕在悬吊平台吊架上，用绳夹夹紧，使之承受此端悬吊载荷→然后在悬挂机构相应位置重新安装一根钢丝绳，在此钢丝绳上安装一台完好的提升机并升至悬吊平台，置换故障提升机→再将该端悬吊平台提升 0.5m 左右停止不动，取下安全钢丝绳的绳夹，使其恢复到悬垂位置→然后将平台升至顶部，取下故障钢丝绳，降至地面→将提升机解体取出卡在内部的钢丝绳→对提升机进行全面严格的检查和修复，必须更换受损零部件，不得勉强继续使用，埋下事故隐患。

（五）一端工作钢丝绳破断，安全锁锁住安全绳

当一端工作钢丝绳由于意外破断，悬吊平台倾斜，安全锁锁住在安全钢丝绳上时，仍然采用上述（四）中的正确方法进行排险。

特别注意：排险过程中动作应保持轻柔平稳，避免安全锁受过大冲击干扰，致使安全锁失效而造成安全事故。

（六）一端钢丝绳破断且安全锁失效或单侧悬挂机构失效，平台单点悬挂而直立

由于一端工作钢丝绳破断，同侧安全锁又失灵或者一侧悬挂机构失去作用，造成一端悬挂失效，仅剩下一端悬挂，致使悬吊平台倾翻甚至直立时，操作人员切莫惊慌失措，应立即采取如下排险措施：

（1）被安全大绳与安全带吊住的人员应尽量轻轻攀到悬吊平台上便于蹬踏处抓稳。

（2）悬吊平台内无挂接安全带作业人员，应紧紧抓牢悬吊平台上一切可抓的部位，然后攀至更有利位置。

（3）此时所有被困人员都应注意：动作不可过猛，尽量保存体力，等待救援。

与地面安全员保持联络，救援人员应根据现场情况尽快启动应急预案，采取最有效的应急方法，紧张而有序地进行施救。如果附近另有吊篮，尽快将其移至离事故吊篮最近的位置，在确认新装吊篮安装无误、运转正常后（避免忙中出错，造成连带事故），迅速提升悬吊平台到达事故位置，先救出作业人员，然后再排除设备险情。

（4）也可采取其他切实可行的措施排除险情。

第十节　常见违章与应对处置

一、吊篮作业环境方面的常见违章

设备作业环境方面的违章情况 12 种示例，见表 5-7。

设备操作人员、环境常见违章情况示例表　　　　　　　表 5-7

序号	违章行为描述/应对处置	场景提示
1	违章描述： 在风力 5 级以上、暴雨、大雾、风雪、冰雹、高温酷暑等恶劣天气，以及沙尘暴、乌云、夜晚、雾霾等照明不够情况下作业 应对处置： 关注天气预报，做好设备防护；及时告知，恶劣天气应停止作业	
2	违章描述： 作业区域未彻底清场，作业区域和设备工作通道区域有闲杂人员 应对处置： 专人检查清场，设立区域围挡和安全警示区域标志	
3	违章描述： 在吊篮作业下方设安全防护隔离区域，仍有人员在安全防护区走动 应对处置： 专人检查清场，设立区域围挡和安全警示区域标志	

序号	违章行为描述/应对处置	场景提示
4	违章描述： 　操作人员未获现场主管的授权，个人擅自决定作业和上机操作。操作人员未接受现场实施安全交底和施工方案技术交底程序 应对处置： 　专人检查复核授权人员条件，岗前安全交底、技术交底	
5	违章描述： 　吊篮悬吊平台内杂物未清理，平台外侧临时悬挂油漆桶，造成坠物风险 应对处置： 　履行使用前检查程序，对作业环境和吊篮设备、作业物品工具等进行检查验收	
6	违章描述： 　吊篮悬挂装置周边杂物和易坠落物未完全清理 应对处置： 　履行使用前检查程序，对作业环境进行检查验收，加强作业区域的安全巡视，及时清理隐患	
7	违章描述： 　作业处吊篮距离高压线小于10m的安全距离 应对处置： 　履行使用前检查程序，对作业环境进行检查验收，向供电部门报备作业活动，采取安全措施	

序号	违章行为描述/应对处置	场景提示
8	违章描述: 安全锁钢丝绳出孔处被水泥砂浆等污物封堵,动作不灵敏 应对处置: 履行使用前检查程序,对作业环境、设备悬吊平台和安全装置进行检查和验收,及时清理妨碍安全功能的砂浆污染物	
9	违章描述: 提升机钢丝绳出孔处被水泥砂浆等污物封堵,侵入并损坏机体 应对处置: 履行使用前检查程序,对作业环境、设备悬吊平台和安全装置进行检查和验收,及时清理妨碍安全功能的砂浆污染物	
10	违章描述: 外立面存在交叉作业 应对处置: 履行使用前检查程序,对作业环境进行检查验收,及时向现场安全主管报告并协调	
11	违章描述: 吊篮作业区域环境杂乱,人员通道不畅 应对处置: 履行使用前检查程序,对作业环境和设备状况进行检查验收,及时向现场安全主管报告并协调	

序号	违章行为描述/应对处置	场景提示
12	违章描述： 操作人员在吊篮内使用碘钨灯点烟，吊篮上随意悬挂易燃建筑材料，存在火灾隐患。使用电动工具、电焊，焊枪挂于吊篮上，易形成回路，烧蚀钢丝绳 应对处置： 做好安全告知、安全主管岗前检查、操作人员监督互查	

二、吊篮管理程序方面常见违章

常见违章情况 10 种示例，见表 5-8。

设备管理程序常见违章情况示例表 表 5-8

序号	违章行为描述/应对处置	场景提示
1	违章描述： 作业人员未满18周岁以及不符合从业准入规定的人员 应对处置： 遵守《未成年人保护法》和《劳动法》，录用时检查核实年龄，确保用工年龄符合从业准入规定	
2	违章描述： 患有高血压、心脏病、精神病等体检不合格人员作业。不适于高空作业（如：恐高、饮酒、服用不良反应药物）的人员作业 应对处置： 录用时健康体检。 做好从业岗位健康要件告知、日常观察并入场检查	

序号	违章行为描述/应对处置	场景提示
3	违章描述： 操作人员酒后作业、疲劳作业。未认真阅读理解操作使用说明书的人员作业 应对处置： 做好安全告知、安全主管岗前检查、操作人员监督互查。操作人员上机前应养成阅读使用说明书的习惯，掌握作业要点	 禁止酒后上岗
4	违章描述： 未经安拆岗位专业技术培训、未取得吊篮安装拆卸特种作业资格证、未经安全交底和获得授权的人员实施吊篮安装拆卸特种作业 应对处置： 全员做培训、岗前培训、安全培训，做好考核记录。 起重吊装、电焊、维修电工、高空安拆等特种作业人员应考取特种设备作业人员证、特种作业资格证，获得从业准入类资格	 从事特种作业 必须持证上岗
5	违章描述： 每班施工完毕，工人未按规定放置地面进出吊篮平台，将吊篮停放于脚手架或空中进出平台致高坠危险 应对处置： 履行使用前检查和安全交底程序，对作业环境加强巡视和检查验收，及时向现场安全主管报告并协调	

序号	违章行为描述/应对处置	场景提示
6	**违章描述:** 未作岗前安全防护措施的检查验收,防护用品不全,未戴安全装置,安全带,即展开作业 **应对处置:** 做好安全告知、安全主管岗前检查验收防护措施、操作人员监督互查,加强作业安全巡视	
7	**违章描述:** 现场临时焊接辅助架子或加长原厂支架用于支撑吊篮悬挂机构前支点,未经过吊篮厂设计验算和确认程序 **应对处置:** 严禁现场临时焊接支撑架用于吊篮安装。应严格履行业主与吊篮厂共同确认安装条件程序和使用前检查验收,符合安全要求方可使用	
8	**违章描述:** 违规利用现场钢管私自制作土吊篮,未采取任何安全防护措施作业 **应对处置:** 做好安全告知、安全主管岗前检查验收防护措施、操作人员监督互查,加强作业安全巡视	
9	**违章描述:** 现场擅自改变吊篮设计工作参数,加长平台,未经过安装验收和使用前的安全检查,超载作业 **应对处置:** 做好安全告知、安全主管岗前检查验收防护措施、操作人员监督互查,加强作业安全巡视	

序号	违章行为描述/应对处置	场景提示
10	**违章描述：** 施工方案未经过确认，改变吊篮原厂设计的规定悬挂方式，不按吊篮使用说明书规定作业 **应对处置：** 做好安全告知、安全主管岗前检查验收防护措施、操作人员监督互查，加强作业安全巡视	

三、吊篮安装与移位方面常见违章

常见违章情况 33 种示例，见表 5-9。

设备安装与移位常见违章情况示例表　　　　　表 5-9

序号	违章行为描述/应对处置	场景提示
1	**违章描述：** 作业人员未将吊篮下放至地面进出，而是违规直接在窗洞口进出吊篮 **应对处置：** 做好安全告知、安全主管岗前检查验收防护措施、操作人员监督互查，加强作业安全巡视	
2	**违章描述：** 作业人员违规跨越临近吊篮或脱离篮体实施无防护的登高作业 **应对处置：** 做好安全告知、安全主管岗前检查验收防护措施、操作人员监督互查，加强作业安全巡视	

序号	违章行为描述/应对处置	场景提示
3	**违章描述：** 钢丝绳和臂端绳套未预先在屋顶安全处完成装配，导致后期人员悬空装配，存在高空坠落风险 **应对处置：** 严格按照说明书规定流程，遵照正确的部件装配连接次序逐项展开作业，编制作业指导书，作业前培训交底	
4	**违章描述：** 自制钢丝绳吊板存在设计缺陷，只提供了单一吊点销轴。未使用吊篮原厂的双吊点专用钢丝绳吊板，产品未按照新的安全标准升级换代 **应对处置：** 工作钢丝绳和安全钢丝绳不得挂接于同一吊点或销轴。严格按说明书规定流程和部件装配连接次序作业，作业前培训交底	
5	**违章描述：** 不用厂家型号的吊篮悬挂机构横梁与支架混用装配 **应对处置：** 做好安全前的清点、按随机手册和装配说明书操作，做好安装验收和使用前检查	
6	**违章描述：** 吊篮限位开关触头遗漏安装，钢结构框架和安全锁严重锈蚀，钢丝绳出孔处被水泥砂浆封堵，限位动作不灵活 **应对处置：** 履行使用前检查程序，对作业环境、设备悬吊平台和安全装置进行检查和验收，及时清理妨碍安全功能的砂浆污染物	

序号	违章行为描述/应对处置	场景提示
7	违章描述： 安全锁摆臂朝向外侧，未按产品说明书组装 应对处置： 加强对产品说明书的学习掌握，履行设备安装验收，使用前进行检查验收，及时向现场安全主管报告并协调	
8	违章描述： 不规范制作绳坠铁（重锤）或使用临时物料替代，绳坠铁距地悬垂高度不符合规定 应对处置： 加强吊篮安装验收检查，使用前的安全条件检查复核，对钢丝绳实施每天班前检查验收	
9	违章描述： 搭设支撑钢架用于非常规安装吊篮悬挂支架时，未单独对钢架支撑体系进行验算和验收 应对处置： 履行业主安装条件确认程序和使用前检查程序，对支撑架和悬挂机构安装分别进行检查验收，符合方案要求方可允许使用	
10	违章描述： 悬挂机构不得安装在外架或用钢管扣件搭设的架子上 应对处置： 履行业主安装条件确认程序和使用前检查程序，对支撑架和悬挂机构安装分别进行检查验收，符合方案要求方可允许使用	

序号	违章行为描述/应对处置	场景提示
11	违章描述： 吊篮悬挂支架基础垫板不规范，锚固螺栓不齐全 应对处置： 履行使用前检查程序，对悬挂机构安装验收，符合方案要求方可允许使用	
12	违章描述： 吊篮悬挂前支架支设与连接错误 应对处置： 履行使用前检查程序，对悬挂机构安装验收，符合方案要求方可允许使用	
13	违章描述： 吊篮前支架垫衬不实，未由建筑主体结构提供可靠支撑、固定和定位 应对处置： 履行使用前检查程序，对悬挂机构安装验收，符合方案要求方可允许使用	

续表

序号	违章行为描述/应对处置	场景提示
14	违章描述： 安全锁限位开关缺损 应对处置： 履行使用前检查程序，逐一检查安全锁的安装和标定情况，发现损坏立即更换。通过验收后，方可允许使用	
15	违章描述： 相邻机位悬挂系统的前支架相互干涉，未采取防滑移固定措施 应对处置： 履行使用前检查程序，对作业环境进行检查验收，及时向现场安全主管报告并协调	
16	违章描述： 配重块破损、数量不足或丢失，与支架之间未采取可靠的固定保护措施 应对处置： 履行使用前检查程序，对作业环境和设备状况进行检查验收，及时向现场安全主管报告并协调	
17	违章描述： 后支架未落地安装，配重架悬空，安置数量不足 应对处置： 履行使用前检查程序，对作业环境和设备状况进行检查验收，及时向现场安全主管报告并协调	

序号	违章行为描述/应对处置	场景提示
18	违章描述： 　在斜面上安装悬挂支架，存在高差，未采取基础调平措施，安装后的悬挂支架倾斜严重，两挂点不在同一水平面 应对处置： 　履行使用前检查程序，执行非常规安装控制程序，由吊篮厂定制非标支架，或有业主采用安全技术措施达到吊篮安装需求的基础条件	
19	违章描述： 　非常规安装条件下，悬挂支架后部平衡专用钢丝绳仅一根，且无锐角保护，违反该工况下的安全专项方案 应对处置： 　履行使用前检查程序，执行非常规安装控制程序，检查专项方案中的安全技术措施落实情况，并组织验收	
20	违章描述： 　钢梁抱箍螺杆设计缺陷；安装不规范，无安装方案，无防松措施，现场严重松动后仍使用，日常检查缺失 应对处置： 　履行使用前检查，执行非常规安装控制程序，查验是否由吊篮厂钢梁抱箍设计确认，产品合格证、安装说明等。检查专项方案中钢梁抱箍安全技术措施落实情况	

序号	违章行为描述/应对处置	场景提示
21	**违章描述：** 　　机位选择不合理，安装后的悬挂机构间距与悬吊平台长度不符合，钢丝绳不垂直，导致悬吊平台倾斜，影响作业安全 **应对处置：** 　　执行非常规安装控制程序，履行使用前检查程序，并组织安装验收	
22	**违章描述：** 　　吊篮带病作业，提升机设备锈蚀，连接螺栓缺失，继续工作 **应对处置：** 　　履行使用前检查程序，做好巡查记录，发现损坏部件，立即上报，停用待修和更换	
23	**违章描述：** 　　提升机传动部位防护罩缺失，带病作业 **应对处置：** 　　履行使用前检查程序，做好巡查记录，发现损坏部件，立即上报，停用待修和更换	
24	**违章描述：** 　　吊篮带病作业，悬臂支架严重锈蚀，壁厚减少 **应对处置：** 　　履行使用前检查程序，做好巡查记录，发现损坏部件，立即上报，停用待修和更换	

序号	违章行为描述/应对处置	场景提示
25	违章描述： 　　连接螺栓锈蚀、失效或缺失，存在解体隐患 应对处置： 　　履行使用前检查程序，做好巡查记录，发现损坏部件，立即上报，停用待修和更换	
26	违章描述： 　　在斜屋面上安装悬挂机构，仅用一根钢丝绳拉住，无加强钢丝绳、固定措施不到位 应对处置： 　　制定倾斜屋面吊篮悬挂机构安装方案，按程序审核。安装完成后，现场验收，加强日常检查巡视	
27	违章描述： 　　未按使用说明书配置配重块，数量不足，配重块与配重支架之间未可靠固定 应对处置： 　　做好设备安装检查验收，履行使用前检查程序，核查清点配重块规格和数量，检查紧固措施	
28	违章描述： 　　安全锁严重锈蚀，未按规定周期进行标定 应对处置： 　　加强入场吊篮完好性检查，对安全作业条件进行检查复核，及时更换不合格品	

序号	违章行为描述/应对处置	场景提示
29	违章描述： 　　安全大绳未按规定单独与建筑物主体结构可靠连接固定。安全大绳系在吊篮支架上。不按说明书和专项方案使用 应对处置： 　　对安全作业条件进行检查复核，履行使用前的安全检查和安全防护措施的验收	
30	违章描述： 　　安全大绳与建筑物转角处未采取防磨损的安全保护措施 应对处置： 　　对安全作业条件进行检查复核，履行使用前的安全检查和安全防护措施的验收	
31	违章描述： 　　吊篮移位后，一侧支架的配重块装配数量不足，导致失衡坠落 应对处置： 　　加强吊篮安装验收检查，使用前的安全条件检查复核，及时补足并采取可靠措施固定配重块，防止人为搬移	
32	违章描述： 　　工作钢丝绳、安全钢丝绳均未设置成鸡心形环 应对处置： 　　加强吊篮安装验收检查，使用前的安全条件检查复核，对钢丝绳实施每天班前检查验收	

序号	违章行为描述/应对处置	场景提示
33	违章描述： 钢丝绳上行限位装置（碰铁）与安全锁开关触头的相对位置调试不到位，导致止动失效 应对处置： 加强吊篮安装验收检查，学习掌握产品说明书安装要领，做试运行试验和功能试验检查	

四、设备作业操作前检查中的常见违章

吊篮操作前检查中的常见违章情况 15 种示例，见表 5-10。

吊篮操作前检查中的常见违章情况示例表　　　　　　　　　表 5-10

序号	违章行为描述/应对处置	场景提示
1	违章描述： 日常检查有遗漏，安全锁上限位开关失效，导致吊篮冲顶 应对处置： 履行使用前检查程序，逐一检查安全锁的安装和标定情况，发现损坏立即更换。通过验收后，方可允许使用	
2	违章描述： 作业时悬吊平台内杂物未清理 应对处置： 岗前安全培训交底，安全员落实检查程序，做好使用前的设备检查	

序号	违章行为描述/应对处置	场景提示
3	违章描述： 吊篮长时间停放未保养；操作前未对吊篮重新验收，未按手册规定程序检查吊篮各主要试动作，贸然开始操作 应对处置： 查阅日常维护保养记录、试运转记录，复核动作程序	
4	违章描述： 使用前，未按照使用说明书对各部件进行检查 应对处置： 查阅日常检查记录和吊篮维护记录，及时整改完善	
5	违章描述： 通讯不畅或无通信的情况下作业 应对处置： 复核对讲机及通话功能，保持畅通	
6	违章描述： 悬吊平台内单人操控导致平台倾斜，作业中未佩戴安全帽、安全带 应对处置： 入场检查，现场自查、互查。作业前检查人员到位情况，严格执行双岗配置方案、地面观察员与吊篮平台内人员的保持良好通信	

序号	违章行为描述/应对处置	场景提示
7	**违章描述：** 吊篮内作业实际载荷超过产品说明书限制载荷规定 **应对处置：** 入场检查，现场自查、互查。作业前检查人员到位情况，严格安全交底，执行双岗配置方案和安全操作规程	
8	**违章描述：** 未佩戴安全带、擅自开始作业 **应对处置：** 自查、互查、安全员巡视检查	
9	**违章描述：** 悬吊平台未放至规定的底层放置区，现场操作人员图方便，采用爬梯或木梯进出吊篮平台，作业完毕未将平台放至底部平稳处 **应对处置：** 岗前安全培训交底，学习高处作业安全规程和设备使用手册	
10	**违章描述：** 作业中吊篮单侧钢丝绳因断丝加重而断裂，造成平台失衡或坠落 **应对处置：** 做好钢丝绳的日常和定期检查，发现损坏立即更换	

序号	违章行为描述/应对处置	场景提示
11	违章描述： 把吊篮当起重机，用于吊运幕墙单元或建筑材料 应对处置： 做好外立面作业管理，严禁超范围、超功能、不按使用说明书的规定使用	
12	违章描述： 大风环境下作业吊篮工作钢丝绳发生缠绕，造成平台姿态失衡 应对处置： 检查安全作业条件，作业前检查立面有无凸出干涉物，及时采取防护措施	
13	违章描述： 用吊篮运输或存放建筑材料，导致平台超载 应对处置： 做好外立面作业管理，严禁超范围、超功能、不按使用说明书的规定使用	

序号	违章行为描述/应对处置	场景提示
14	违章描述： 平台内采用加高垫层或自行攀登实施登高作业 应对处置： 岗前安全培训交底，安全员落实检查程序，做好使用前的设备检查	
15	违章描述： 钢丝绳绳卡连接不规范，卡接数量、钢丝绳方向位置不正确 应对处置： 做好安全检查验收和钢丝绳的日常检查，加强工人培训，发现错误立即整改	

第六章　日常检查与维护保养

第一节　日常检查与定期维护

吊篮服务商应建立设备日志管理制度，日常检查维护和定期检查修理记录均应保存设备日志中。吊篮的检查维护周期应根据吊篮的安装时间、使用程度和制造商的推荐来确定。所有吊篮应由制造商或其他具备必要知识、工具和专用设备的有资质的公司进行定期检查和维护。高处作业吊篮定期检修与保养项目，见附录3。

一、日常检查

1. 日常检查人员

吊篮存放场地的当班作业班组及操作人员负责租赁场内吊篮的日常检查。

2. 日常检查内容

一般的检查内容请见附录3《高处作业吊篮班前日常检查项目表》。

根据《高处作业吊篮》GB/T 19155—2017对使用操作的规定，吊篮每天使用前进行下列检查：

（1）操作者应检查操作装置、制动器、防坠落装置和急停装置等功能是否正常；

（2）对所有动力线路、限位开关、平台结构和钢丝绳的情况进行检查；

（3）检查悬挂装置是否牢固可靠和确保配重未被卸除；

（4）确保悬挂装置位于平台拟工作位置的正上方，以避免悬挂装置过度受水平力，导致平台摆动；

（5）确保平台上无雪、冰、碎屑和多余材料堆积；

（6）确保可能与平台接触的物体不要伸出立面；

（7）工作完成后，操作者应将平台移到非工作位置，切断动力并与动力源断开，以防止非授权使用。

3. 日常检查要求

（1）每班作业前，由操作人员按吊篮日常检查内容逐项检查。设备日志的日常检查内容至少包括：负责吊篮合格的人员姓名；吊篮操作者姓名、单位、操作日期；起升机构和防坠落机构序列号；吊篮使用小时数；钢丝绳规格及使用小时数；事故和处理措施的记录；定期检查的日期和结果的记录。

（2）检查中发现问题应及时解决，需专业人员修理或排除的故障，应及时上报作业主管，不得带着隐患继续冒险作业。

（3）每班操作人员均应如实填写附录3《高处作业吊篮班前日常检查项目记录表》并签字。

（4）主管领导或负责人对每班班前检查项目记录进行查验，审批签字后方可上机操作。

二、定期检修

一般情况下，应按附录4《高处作业吊篮定期检修与保养项目表》执行。

1. 定期检修期限

（1）连续施工作业的吊篮，视作业频繁程度，每1～2月应进行一次定期检修。

（2）断续施工作业的吊篮，累计运行每300h应进行一次定期检修。

（3）停用1个月以上的高处作业吊篮，在使用前应进行一次定期检修。

（4）完成一个工程项目拆卸后，应对吊篮组成部件进行一次定期检修。

2. 定期检修人员

吊篮的定期检修应由专业维修人员进行。

3. 定期检修内容

除日常检查职责外，吊篮维修检查的重点内容，见表6-1。

吊篮维修检查的重点内容　　　　　　　　　　　　　　　　表 6-1

序号	项目系统	检修内容
1	电气系统	1）检查电源电缆的损伤情况。若表面局部出现轻微损伤，可用绝缘胶布进行局部修补；若损伤超标，应进行更换。 2）检查电源电缆的固定是否良好。 3）检查电控箱内各电器元件有无破损或失灵现象，进行修复或更换。 4）检查接触器触点烧蚀情况。对轻微烧蚀的触点用0号砂纸进行打磨，对严重烧蚀的触点进行更换。 5）检查限位开关是否完好。 6）检查各按钮是否完好。 7）测量绝缘电阻、接地电阻和接零电阻是否符合标准规定
2	悬挂系统	1）受力构件变形和腐蚀情况； 2）焊缝开裂或裂纹情况； 3）紧固件联接松动情况； 4）插接件变形或磨损情况
3	钢丝绳	1）断丝或磨损是否超标； 2）端部接头绳夹是否需要重新固定
4	安全带保险绳	1）固定端及女儿墙转角接触局部磨损情况； 2）断丝、断股或磨损是否超标
5	安全锁	1）转动部件润滑情况，适量加注润滑油； 2）弹簧复位力量是否正常； 3）开启和闭锁手柄启闭动作是否正常； 4）滚轮转动及磨损情况
6	提升机	1）机壳不应有渗漏、漏油现象； 2）进、出绳口磨损情况符合要求； 3）电动机手松装置完好情况； 4）制动电机摩擦片磨损情况。摩擦盘厚度小于说明书规定时必须更换
7	悬吊平台	1）构件变形和腐蚀情况； 2）焊缝开裂或裂纹情况； 3）紧固件联接松动情况

三、定期大修

1. 大修期限

（1）使用期满 1 年。

（2）累计工作 300 个台班。

（3）累计工作 2000h。

满足上述条件之一者，应送往具有大修条件（包括人员、设备、检测手段及配件加工能力）的吊篮专业厂进行大修。《吊篮产品使用说明书》明确规定需原厂大修的，应送原厂大修。

2. 大修项目及内容

除按定期检修项目进行检修之外，重点大修项目，见表 6-2。

吊篮重点大修内容　　　　　　　　　　　表 6-2

序号	检修项目	检修内容
1	提升机 安全锁	1）解体清洗； 2）更换易损件； 3）检测齿轮、蜗轮副、主要轴、孔以及有关主件的重要几何参数；修复可修复的零件，更换不可修复的超标零件； 4）检查壳体变形或裂纹情况。对塑性材料制成的壳体可进行修复；对脆性材料制成的壳体，出现裂纹的应予以更换； 5）按《使用说明书》要求加足润滑剂； 6）重新组装后按产品出厂要求进行全面的性能检验或标定； 7）检验合格后，开具大修合格证
2	悬挂机构 悬吊平台 电控箱壳	1）清理构件表面的附着物、残漆及浮锈； 2）检查磨损或锈蚀是否超标。对磨损或锈蚀大于构件原厚度10%的，予以更换； 3）检查构件变形及焊缝裂纹。对无法修复的，予以更换； 4）检验后重新涂漆
3	电气系统	1）修复或更换失灵或触点烧蚀的电器元件； 2）检查电缆线绝缘层是否破损或老化。对无法修复的予以更换； 3）全面检查各接头及联接点的联接情况，必要时按规范重新整理或接线； 4）检验合格方可出厂
4	钢丝绳和安全绳	1）逐段检查，对断丝或磨损起标的，予以更换； 2）重点检查绳头固定端。对磨损或疲劳严重的去除受损段后重新固定绳套

四、常见故障排除

检修中常见故障原因及排除方法，见表 6-3。

常见故障原因分析及其排除方法　　　　　　　　表 6-3

序号	故障	可能原因	排除方法
1	电源指示灯不亮	1. 未接通电源 2. 变压器损坏	1. 检查各级电源开关是否有效闭合 2. 换变压器器件

续表

序号	故障	可能原因	排除方法
2	电机只响不转	1. 缺相 2. 电机内部断相 3. 钢丝线卡在提升机内	1. 检查三相电源供电情况，线路有无虚接、断线、各插头是否联接牢固 2. 更换电机
3	限位开关不起作用	1. 电源相序接反 2. 限位开关坏 3. 限位开关与限位止挡接触不良	1. 交换相序 2. 换限位开关 3. 调整限位开关或止挡
4	电机断电后自动下滑	1. 钢丝线沾油 2. 绳轮槽磨损超标 3. 电机制动器失灵	1. 清除油渍 2. 更换卷绳轮 3. 调整制动器摩擦片间歇或更换电机
5	运行控制有下无上	1. 限位开关故障 2. 启动按钮故障 3. 上行接触器故障	1. 更换限位开关 2. 排除故障或更换按钮 3. 更换接触器
6	提升机无法启动	1. 电源接头未插牢 2. 启动按钮损坏 3. 保险丝熔断 4. 热保护继电器未复位 5. 漏电保护器跳闸 6. 相序保护器动作	1. 插牢电源插头 2. 更换启动按钮 3. 更换保险丝 4. 按下复位钮 5. 排除漏电环节后，重新合闸 6. 交换相序或解决缺相
7	带载上升启动，一端提升机不动作	1. 电压低于吊篮工作电压 2. 电源线过长或过细 3. 电动机起动力矩太小	1. 解决电源问题 2. 加大电源线导线横截面 3. 更换电机
8	松开按钮后提升机不停车	1. 电箱内接触器触点粘连 2. 按钮损坏或被卡住	1. 修理或更换接触器 2. 更换按钮或排除
9	安全锁锁绳角度过大	1. 钢丝绳表面有油 2. 锁内绳夹磨损过度	1. 清理钢丝绳 2. 送回原厂修理
10	安全锁不锁绳	1. 锁内弹簧损坏 2. 锁内污物或油泥过多	1. 送回原厂修理 2. 送回原厂修理
11	工作平台静止时下滑	电动机电磁制动器失灵，制动器摩擦盘为易损件	调整摩擦盘与衔铁的间距，合理隙为0.5～0.6mm。更换摩擦盘
12	工作平台一侧提升机与电动机不动作或电磁制动器	制动衔铁不动作，造成制动片与电机盖摩擦。线圈、整流块短路损坏	更换电磁制动器线圈或整流块

序号	故　障	可能原因	排除方法
13	提升机有异常噪声	零部件受损	调整更换
14	工作钢丝绳不能穿入提升机	绳端焊接不当	1. 焊接部位打磨光滑 2. 重新制作钢丝绳端头
15	平台倾斜	电动机转速不同，提升机拽绳差异，制动器灵敏度差异，离心限速器磨损	工作平台载荷均匀，调整制动器间隙，更换离心限速器弹簧
16	工作钢丝绳异常磨损	压绳轮与绳槽对钢丝绳的摩擦引起	更换压绳机构的零件或者钢丝绳
17	安全锁锁不住钢丝绳	绳夹磨损、钢丝绳沾上油污、安全锁动作迟缓	更换安全锁扭簧，各运动部位注入适量润滑油、更换安全锁绳夹、更换钢丝绳
18	工作平台不能升降	供电电源不正常，电机过热造成热继电器不动作	检查三相供电电源是否正常，电机自然冷却后，热继电器复位即可工作

第二节　关键部件的维护保养

吊篮服务商应建立吊篮维护管理制度，设立必要的场内检验设施和检验仪器设备，设立设备档案，存好吊篮产品说明书、部件与吊篮采购单，制造厂计算书、安装指导文件等、收集正式出版的现行标准等。

吊篮服务商应在检修维护基地、制造企业实验场所内配备必要的检查试验装置和检验仪器，常用的检验装置和仪器设备包括：安全锁检验台、锁绳速度测试仪、提升机检测台、整机测试、噪声测试、钢丝绕绳长度检验装置、电气检验装置等。本章节检验装置布置场景和仪器样本由无锡小天鹅机械公司、无锡瑞吉德机械公司提供共享。如图6-1所示。

为做好设备日常检查试验和维护，应落实如下规定：建立场（厂）内设备设施检修检查制度，保留必要的图纸和接线图；保留吊篮厂指定的钢丝绳规格说明文件、钢丝绳出厂合格证、对拆卸弹簧式电缆卷筒或收绳器的警示信息、钢丝绳和所有易损件更换标准的信息、检查超载或后备装置设置与元件铅封完整性、定期检查起升机构，如发生异常温升或声响，应立即停用；定期检查防坠落装置，如发生摆臂不灵活、不锁绳、锁绳角度大于14°时应立即停止使用。下降超速（大于30m/min），防坠落装置不能有效地锁住钢丝绳应立即停用。运动或摩擦零部件磨损或损坏时，应立即及更换。电气系统的部件和随行电缆损坏或明显擦伤时，应立即更换。控制线路的电器、动力线路的接触器及零部件应保持清洁、无灰尘污染。按照指定使用的润滑剂对规定部位定期进行润滑。固定于建筑物上的锚固件应无松动，并定期进行防锈处理。

对吊篮关键部件的维护保养要求如下：

图 6-1 吊篮常用试验装置

（a）安全锁检验台、锁绳速度测试仪；（b）提升机检测台；（c）整机测试架；（d）噪声测试；

（e）钢丝绳绕绳长度检测、断绳试验台；（f）电气系统检验台；（g）钢丝绳锁绳长度试验台；

（h）安全锁启锁速度试验台、倾斜角度测试台、电子开关检测仪

一、提升机的维护保养

（1）及时清除工作钢丝绳上粘附的油污、水泥、涂料和粘结剂，避免憋绳造成提升机受损或报废。

（2）经常检查工作钢丝绳有无松股、毛刺、死弯起股般等局部缺陷，避免卡绳。

（3）经常清除提升机外表面污物，避免进、出绳口进入杂物，损伤机内零件。

（4）按《产品使用说明书》要求及时加注或更换规定的（类型、规格、牌号、用量等）润滑剂。

（5）安装、运输或使用中避免碰撞，造成机壳损伤。

（6）坚持作业前进行空载运行，注意检查有无异响和异味。

（7）作业后，进行妥善遮盖，避免雨水、杂物等侵入。

（8）发现运转异常（有异响、异味、异常高温等）情况，应及时停止使用，请专业维修人员进行检修。

（9）定期请专业维修人员进行检修。

（10）定期送吊篮制造厂进行大修。

二、安全锁的维护保养

（1）及时清除安全钢丝绳上粘附的水泥、涂料和粘结剂，避免阻塞锁内零件，造成安全锁失灵。

（2）在磨粒（如砂子、石料等）和粘附性材料（如混凝土、石膏、油漆、堵缝剂等）环境下工作时，注意进绳口处的防护措施，避免杂物进入锁内。

（3）及时清除锁外表面污物。

（4）作业后做好防护工作，防止雨、雪和杂物进入锁内。

（5）避免碰撞造成损伤，发现损伤应立即更换和维修，以保持正常功能。

（6）达到标定期限的，应及时进行检修和重新标定。

三、钢丝绳的维护保养

（1）存放和运输状态时，应将钢丝绳捆扎成直径约 60cm 的圆盘，之上不得堆放重物，避免出现死弯或局部压扁等缺陷。

（2）在安装完毕后，将富余在下端的钢丝绳捆扎成圆盘并且使之离开地面约 20cm。

（3）经常检查钢丝绳表面，清理附着污物，及时发现并排除局部缺陷及潜在缺陷。

（4）钢丝绳上绳卡处出现局部硬伤或疲劳破坏时，应截断该段绳头，按说明书要求重新用绳夹固定。

（5）对长期存放的钢丝绳，要放置在防雨干燥处。

（6）对于出现断丝但未达到报废标准的钢丝绳，应及时将其断丝头部插入绳芯。

（7）对达到报废标准的钢丝绳，应及时更换。

四、结构件的维护保养

结构件包括悬挂机构、悬吊平台和电控箱壳。

（1）在搬运和安装中，应轻拿轻放，避免强烈碰撞或生扳硬撬，导致永久性变形。

（2）作业后应及时清理表面污物。清理时不要采用锐器猛刮猛铲，注意保护表面漆层。

（3）经常检查联接件和紧固件，发现松动要及时拧紧。

（4）出现焊缝裂纹或构件变形，应及时请专业维修人员修复。钢结构部件磨损、腐蚀深度达到原构件厚度10％时应予报废。

（5）出现漆层脱落，应及时补漆，避免锈蚀。

五、电气系统的维护保养

（1）电器箱内要保持清洁无杂物。不得把工具或材料放入箱内。

（2）经常检查电器接头有无松动，并且及时紧固。

（3）将悬垂的电源电缆绑牢固绑扎在悬吊平台结构上，避免电缆插头部位直接受拉。电缆悬垂长度超过100m时，应采用电缆抗拉保护措施。

（4）避免电器箱、限位开关和电缆线受到外力冲击。

（5）作业完毕，及时拉闸断电，锁好电器箱门，妥善遮盖电器箱。

（6）遇到电气故障，及时请专业维修人员进行排除。

第七章 常用标准规范

本章列出了高处作业吊篮相关工程常用的标准规范内容学习要点，在工程实践中遇有使用标准规范的场合，应以标准化管理部门实际发布的标准出版物为准。

一、《高处作业吊篮》GB/T 19155—2017

国家标准《高处作业吊篮》GB/T 19155—2017 规定了高处作业吊篮的术语和定义、型式与主参数、一般技术要求、结构、稳定性与机械设计计算、悬挂平台、起升机构、悬挂装置、电气系统和控制系统、试验方法、检验规则、标志、随机文件等；还规定了吊篮施加到建筑结构上的相关载荷规定、吊篮的安装对建筑物和结构的安全要求。指出了吊篮工作中存在的相关显著危险，说明了消除或减少发生显著危险的适当技术措施。

与 2003 版相比，2017 版新国标规定了吊篮工作温度为：$-10 \sim +55℃$，悬吊平台四周围栏不低于 1.0m，悬挂系统抗倾覆安全系数为 3；增设了"平台加载试验要求、悬挂装置静载试验要求"，有利于限制以次充好的劣质产品、保护正品。此外，在技术要求、试验、使用、安装维护等方面也提出了一些新的安全技术要求。

《高处作业吊篮》GB/T 19155—2017 基于对吊篮产品的重点危险源进行了全面分析，计算规则满足工程实践、可靠的材料、生产的合格，在特定的局部安装条件下和所期望的功能和要求上，制造商/供应商需与采购商/雇主进行协商。参考了《悬挂接近设备的安全要求—设计计算、稳定性要求；制造、检验和试验要求》EN 1808—2010，不适用于苛刻工作条件下的类似产品，如：锅炉检修平台、发电厂烟囱维护吊篮、矿井（井道）升降作业吊篮。

二、《施工现场机械设备检查技术规范》JGJ 160—2016

高处作业吊篮悬挂机构应符合下列规定：

（1）定位应正确。悬挂吊篮的支架支撑点各工况的荷载最大值不应大于建筑结构的承载能力。

（2）配重块数量应符合使用说明书的规定，码放应整齐，并应有防挪移措施。

悬吊平台应符合下列规定：

（1）悬吊平台应有足够的强度和刚度，不应出现焊缝、裂纹和严重锈蚀，螺钉、铆钉不应松动，结构不应破损；使用长度应符合使用说明书规定；

（2）安全护栏应齐全完好并设有腹杆；其高度在建筑物一侧不应小于 1.0m，其余三个面不应小于 1.1m，护栏应能承受 1000N 水平移动的集中荷载；

（3）底板应完好，并应有防滑措施；应有排水孔，且不应堵塞；悬吊平台四周应装有高度不低于 150mm 的挡板，且挡板与底板的间隙不应大于 5mm；

（4）在靠建筑物的一面应设有靠墙轮、导向轮和缓冲装置；

（5）工作中的平台纵向倾斜角度不应大于 8°，且不同机型还应符合使用说明书规定；

（6）吊篮应急手动滑降装置应可靠有效，下降速度不应大于 1.5 倍的额定速度；

（7）悬吊平台上应注明额定载重量及注意事项。

钢丝绳应符合《施工现场机械设备检查技术规范》JGJ 160—2016 第 7.1.7 条的规定。

安全装置应符合下列规定：

（1）安全锁或具有相同作用的独立安全装置，在锁绳状态下不应自动复位，且安全锁应在有效标定期内；

（2）安全钢丝绳应独立于工作钢丝绳另行悬挂；

（3）行程限位装置应灵敏可靠；

（4）钢丝绳安全系数不应小于 9，并应符合使用说明书规定；

（5）应设置紧急状态下能切断主电源控制回路的急停按钮。

三、《建筑施工升降设备设施检验标准》JGJ 305—2013

1. 一般规定

（1）受检单位应具有下列资料：

1）产品出厂合格证；

2）安全锁标定证书；

3）使用说明书；

4）安装合同和安全协议；

5）专项施工方案及作业平面布置图；

6）安装自检验收表。

（2）应按本标准附录 B 填写检验报告。当受检单位提供的资料不齐全时，不得进行检验。

2. 检验内容及要求

（1）结构件应符合下列规定：

1）悬挂机构、悬吊平台的钢结构及焊缝应无明显变形、裂纹和严重锈蚀；

2）结构件各连接螺栓应齐全、紧固，并应有防松措施；所有连接销轴使用应正确，均应有可靠轴向止动装置。

（2）悬吊平台应符合下列规定：

1）悬吊平台拼接总长度应符合使用说明书的要求；

2）底板应牢固，无破损，并应有防滑措施；

3）护栏靠工作面一侧高度不应小于 800mm（注：此条源于 GB 19155—2003，GB/T 19155—2017 已将该指标修改为：1.0m），其余部位高度不应小于 1100mm；

4）四周底部挡板应完整、无间断，高度不应小于 150mm，与底板间隙不应大于 5mm；

5）与建筑物墙面间应设有导轮或缓冲装置；

6）悬吊平台运行通道应无障碍物。

（3）钢丝绳应符合下列规定：

1）吊篮钢丝绳的型号和规格应符合使用说明书的要求；

2）工作钢丝绳直径不应小于 6mm；

3）安全钢丝绳应选用与工作钢丝绳相同的型号、规格，在正常运行时，安全钢丝绳应处于悬垂张紧状态；

4）安全钢丝绳、工作钢丝绳应分别独立悬挂，并不得松散、打结，且应符合现行国家标准《起重机　钢丝绳　保养、维护、安装、检验和报废》GB/T 5972 的规定；

5）安全钢丝绳的下端必须安装重砣（绳坠、重锤），重砣底部至地面高度宜为 10～20cm，且应处于自由状态；

6）钢丝绳的绳端固结应符合产品说明书的规定。

（4）产品标牌及警示标志应符合下列规定：

1）产品标牌应固定可靠，易于观察；

2）应有重量限载的警示标志。

（5）悬挂机构应符合下列规定：

1）悬挂机构前梁长度和中梁长度配比、额定载重量、配重重量及使用高度应符合产品说明书的规定；

2）悬挂机构施加于建筑物或构筑物的作用力，应符合建筑结构的承载要求；

3）悬挂机构横梁应水平，其水平度误差不应大于横梁长度的 4%，严禁前低后高；

4）前支架不应支撑在女儿墙外或建筑物挑檐边缘等部位；

5）悬挂机构吊点水平间距与悬吊平台的吊点间距应相等，其误差不应大于 50mm；

6）悬挂机构的前梁不应支撑在非承重建筑结构上。不使用前支架的，前梁上的搁置支撑中心点应和前支架的支撑点相重合，工作时不得自由滑移，并应有专项施工方案。

（6）配重应符合下列规定：

1）配重件重量及几何尺寸应符合产品说明书要求，并应有重量标记，其总重量应满足产品说明书的要求，不得使用破损的配重件或其他替代物；

2）配重件应固定在配重架上，并应有防止可随意移除的措施。

（7）安全装置应符合下列规定：

1）上行程限位应动作正常、灵敏有效；

2）制动器应灵敏有效，手动释放装置应有效；

3）应独立设置作业人员专用的挂设安全带的安全绳，安全绳应可靠固定在建筑物结构上，不应有松散、断股、打结，在各尖角过渡处应有保护措施。

（8）安全锁应完好有效，严禁使用超过有效标定期限的安全锁。

（9）电气系统应符合下列规定：

1）主要电气元件应工作正常，固定可靠；电控箱应有防水、防尘措施；主供电电缆在各尖角过渡处应有保护措施；

2）悬吊平台上必须设置紧急状态下切断主电源控制回路的急停按钮。急停按钮不得自动复位；

3）带电零部件与机体间的绝缘电阻不宜小于 2MΩ；

4）专用开关箱应设置隔离、过载、短路、漏电等电气保护装置，并应符合现行行业标准《施工现场临时用电安全技术规范》JGJ 46 的规定。

四、《高处作业吊篮安装、拆卸、使用技术规程》JB/T 11699—2013

高处作业吊篮安装、拆卸、使用技术规程规定了高处作业吊篮的安装、拆卸和使用维护方面的技术规程。适用于高处作业工程中使用的电动吊篮、手动吊篮。不适用于工具式脚手架、附着式升降脚手架。

该标准明确：无论标准型支架、特殊型支架均应由吊篮厂制造提供，现场吊篮安装拆卸活动均应遵循产品使用说明书的规定。现场严禁改变吊篮工作参数的任何改造支架和零部件的活动。业主负责完善现场条件直至满足吊篮厂规定的安装要求，业主应与吊篮厂工程师进行沟通，由业主负责在现场实施辅助架构等支撑设施并单独验收合格后，方可移交给吊篮服务商用于支撑吊篮安装使用。定制特殊型支架应委托吊篮厂设计制作，在其指导下完成安装。

读者在实践中可自行查阅该标准内容，结合现场具体情况合理使用。吊篮服务商应将《高处作业吊篮》GB/T 19155 和《高处作业吊篮安装、拆卸、使用技术规程》JB/T 11699 以及高处作业安全防护类标准作为重点，组织吊篮安装拆卸与使用维护人员学习掌握，以切实提高现场人员标准化意识和安全素养。

五、行业标准《建筑施工易发事故防治安全标准》JGJ/T 429—2018

住建部行业标准《建筑施工易发事故防治安全标准》JGJ/T 429—2018，2018 年 10 月 1 日起实施。该标准与现行《高处作业吊篮》GB/T 19155 等进行了协调，不再保留无论何种吊篮均限载 2 人的规定。吊篮平台内作业人数遵守吊篮使用说明书规定。吊篮安拆作业人员应具备从业资格。安全锁应在标定有效期内使用。

六、其他常用标准规范

《安全色》GB 2893

《安全标志及其使用导则》GB 2894

《消防安全标志》GB 13495

《消防安全标志设置要求》GB 15630

《消防应急照明和疏散指示标志》GB 17945

《起重机　钢丝绳　保养、维护、检验和报废》GB/T 5972

《建筑工程施工现场标志设置技术规程》JGJ 348

《建设工程施工现场环境与卫生标准》JGJ 146

《建筑施工安全检查标准》JGJ 59

《施工现场临时用电安全技术规范》JGJ 46

《建筑施工高处作业安全技术规范》JGJ 80

《建筑施工易发事故防治安全标准》JGJ/T 429

附录1　施工作业现场常见标志标识

住房和城乡建设部发布行业标准《建筑工程施工现场标志设置技术规程》JGJ 348—2014，自2015年5月1日起实施。其中，第3.0.2条为强制性条文，必须严格执行。

施工现场安全标志的类型、数量应根据危险部位的性质，分别设置不同的安全标志。建筑工程施工现场的下列危险部位和场所应设置安全标志：

（1）通道口、楼梯口、电梯口和孔洞口；

（2）基坑和基槽外围、管沟和水池边沿；

（3）高差超过1.5m的临边部位；

（4）爆破、起重、拆除和其他各种危险作业场所；

（5）爆破物、易燃物、危险气体、危险液体和其他有毒有害危险品存放处；

（6）临时用电设施和施工现场其他可能导致人身伤害的危险部位或场所。

根据现行《建设工程安全生产管理条例》的规定，施工单位应当在施工现场入口处、施工起重机械、临时用电设施、脚手架、出入通道口、楼梯口、电梯井口、孔洞口、桥梁口、隧道口、基坑边沿、爆破物及有害危险气体和液体存放处等危险部位，设置明显的安全警示标志。

施工现场内的各种安全设施、设备、标志等，任何人不得擅自移动、拆除。因施工需要必须移动或拆除时，必须要经项目经理同意后并办理有关手续，方可实施。

安全标志是指在操作人中容易产生错误，有造成事故危险的场所，为了确保安全，所采取的一种标示。此标示由安全色，几何图形符合构成，是用以表达特定安全信息的特殊标示，设置安全标志的目的，是为了引起人们对不安全因素的注意，预防事故发生。

（1）禁止标志：是不准或制止人的某种行为（图形为黑色，禁止符号与文字底色为红色）。

（2）警告标志：是使人注意可能发生的危险（图形警告符号及字体为黑色，图形底色为黄色）。

（3）指令标志：是告诉人必须遵守的意思（图形为白色，指令标志底色均为蓝色）。

（4）提示标志：是向人提示目标的方向。

安全色是表达信息含义的颜色，用来表示禁止、警告、指令、指示等，其作用在于使人能迅速发现或分辨安全标志，提醒人员注意，预防事故发生。

（1）红色：表示禁止、停止、消防和危险的意思。

（2）蓝色：表示指令，必须遵守的规定。

（3）黄色：表示通行、安全和提供信息的意思。

专用标志是结合建筑工程施工现场特点，总结施工现场标志设置的共性所提炼的，专用标志的内容应简单、易懂、易识别；要让从事建筑工程施工的从业人员都准确无误的识别，所传达的信息独一无二，不能产生歧义。其设置的目的是引起人们对不安全因素的注意和规范施工现场标志的设置，达到施工现场安全文明。专用标志可分为名称标志、导向标志、制度类标志和标线 4 种类型。

多个安全标志在同一处设置时，应按禁止、警告、指令、提示类型的顺序，先左后右，先上后下地排列。出入施工现场遵守安全规定，认知标志，保障安全是实习阶段最应关注的事项。学员和教师均应注意学习施工现场安全管理规定、设备与自我防护知识、成品保护知识、临近作业交叉作业安全规定等；尤其是要了解和认知施工现场安全常识、现场标志，遵守管理规定。

根据现行《建设工程安全生产管理条例》的规定，施工单位应当在施工现场入口处、施工起重机械、临时用电设施、脚手架、出入通道口、楼梯口、电梯井口、孔洞口、桥梁口、隧道口、基坑边沿、爆破物及有害危险气体和液体存放处等危险部位，设置明显的安全警示标志。安全警示标志必须符合国家标准。本条重点指出了通道口、预留洞口、楼梯口、电梯井口；基坑边沿、爆破物存放处、有害危险气体和液体存放处应设置安全标志，目的是强化在上述区域安全标志的设置。在施工过程中，当危险部位缺乏提供相应安全信息的安全标志时，极易出现安全事故。为降低施工过程中安全事故发生的概率，要求必须设置明显的安全标志。危险部位安全标志设置的规定，保证了施工现场安全生产活动的正常进行，也为安全检查等活动正常开展提供了依据。

第一节　禁　止　类　标　志

施工现场禁止标志的名称、图形符号、设置范围和地点的规定，见附表 1-1。

禁止标志

附表 1-1

名称	图形符号	设置范围和地点	名称	图形符号	设置范围和地点
禁止通行	禁止通行	封闭施工区域和有潜在危险的区域	禁止入内	禁止入内	禁止非工作人员入内和易造成事故或对人员产生伤害的场所
禁止停留	禁止停留	存在对人体有危害因素的作业场所	禁止吊物下通行	禁止吊物下通行	有吊物或吊装操作的场所
禁止跨越	禁止跨越	施工沟槽等禁止跨越的场所	禁止攀登	禁止攀登	禁止攀登的桩机、变压器等危险场所

名称	图形符号	设置范围和地点	名称	图形符号	设置范围和地点
禁止跳下	禁止跳下	脚手架等禁止跳下的场所	禁止靠近	禁止靠近	禁止靠近的变压器等危险区域
禁止乘人	禁止乘人	禁止乘人的货物提升设备	禁止启闭	禁止启闭	禁止启闭的电器设备处
禁止踩踏	禁止踩踏	禁止踩踏的现浇混凝土等区域。	禁止合闸	禁止合闸	禁止电气设备及移动电源开关处
禁止吸烟	禁止吸烟	禁止吸烟的木工加工场等场所	禁止转动	禁止转动	检修或专人操作的设备附近
禁止烟火	禁止烟火	禁止烟火的油罐、木工加工场等场所	禁止触摸	禁止触摸	禁止触摸的设备或物体附近
禁止放易燃物	禁止放易燃物	禁止放易燃物的场所	禁止戴手套	禁止戴手套	戴手套易造成手部伤害的作业地点
禁止用水灭火	禁止用水灭火	禁止用水灭火的发电机、配电房等场所	禁止堆放	禁止堆放	堆放物资影响安全的场所

续表

名称	图形符号	设置范围和地点	名称	图形符号	设置范围和地点
禁止碰撞	禁止碰撞	易有燃气积聚，设备碰撞发生火花易发生危险的场所	禁止挖掘	禁止挖掘	地下设施等禁止挖掘的区域
禁止挂重物	禁止挂重物	挂重物易发生危险的场所			

第二节 警告标志

施工现场警告标志的名称、图形符号、设置范围和地点的规定见附表 1-2。

警告标志　　　　　　　　　　　　　　　　　　附表 1-2

名称	图形符号	设置范围和地点	名称	图形符号	设置范围和地点
注意安全	注意安全	禁止标志中易造成人员伤害的场所	当心触电	当心触电	有可能发生触电危险的场所
当心爆炸	当心爆炸	易发生爆炸危险的场所	注意避雷	避雷装置 注意避雷	易发生雷电电击区域
当心火灾	当心火灾	易发生火灾的危险场所	当心触电	当心触电	有可能发生触电危险的场所

续表

名称	图形符号	设置范围和地点	名称	图形符号	设置范围和地点
当心坠落	当心坠落	易发生坠落事故的作业场所	当心滑倒	当心滑倒	易滑倒场所
当心碰头	当心碰头	易碰头的施工区域	当心坑洞	当心坑洞	有坑洞易造成伤害的作业场所
当心绊倒	当心绊倒	地面高低不平易绊倒的场所	当心塌方	当心塌方	有塌方危险区域
当心障碍物	当心障碍物	地面有障碍物并易造成人的伤害的场所	当心冒顶	当心冒顶	有冒顶危险的作业场所
当心跌落	当心跌落	建筑物边沿、基坑边沿等易跌落场所	当心吊物	当心吊物	有吊物作业的场所
当心伤手	当心伤手	易造成手部伤害的场所	当心噪声	当心噪声	噪声较大易对人体造成伤害的场所

续表

名称	图形符号	设置范围和地点	名称	图形符号	设置范围和地点
当心机械伤人	当心机器伤人	易发生机械卷入、轧压、碾压、剪切等机械伤害的作业场所	注意通风	注意通风	通风不良的有限空间
当心扎脚	当心扎脚	易造成足部伤害的场所	当心飞溅	当心飞溅	有飞溅物质的场所
当心落物	当心落物	易发生落物危险的区域	当心自动启动	当心自动启动	配有自动启动装置的设备处
当心车辆	当心车辆	车、人混合行走的区域			

第三节　指　令　标　志

施工现场指令标志的名称、图形符号、设置范围和地点的规定见附表 1-3。

指令标志　　　　　　　　　　　　　　　　　　　　　附表 1-3

名称	图形符号	设置范围和地点	名称	图形符号	设置范围和地点
必须戴防毒面具	必须戴防毒面具	通风不良的有限空间	必须戴安全帽	必须戴安全帽	施工现场

续表

名称	图形符号	设置范围和地点	名称	图形符号	设置范围和地点
必须戴防护面罩	必须戴防护面罩	有飞溅物质等对面部有伤害的场所	必须戴防护手套	必须戴防护手套	具有腐蚀、灼烫、触电、刺伤等易伤害手部的场所
必须戴防护耳罩	必须戴防护耳罩	噪音较大易对人体造成伤害的场所	必须穿防护鞋	必须穿防护鞋	具有腐蚀、灼烫、触电、刺伤、砸伤等易伤害脚部的场所
必须戴防护眼镜	必须戴防护眼镜	有强光等对眼睛有伤害的场所	必须系安全带	必须系安全带	高处作业的场所
必须消除静电	必须消除静电	有静电火花会导致灾害的场所	必须用防爆工具	必须用防爆工具	有静电火花会导致灾害的场所

第四节　提　示　标　志

施工现场提示标志的名称、图形符号、设置范围和地点应符合附表1-4的规定。

提示标志　　　　　　　　　　　　　　　　　　　　　　附表 1-4

名称	名称及图形符号	设置范围和地点	名称	名称及图形符号	设置范围和地点
动火区域		施工现场划定的可使用明火的场所	应急避难场所		容纳危险区域内疏散人员的场所
避险处		躲避危险的场所	紧急出口		用于安全疏散的紧急出口处，与方向箭头结合设在通向紧急出口的通道处；（一般应指示方向）

第五节　现　场　标　线

　　施工现场标线的图形、名称、设置范围和地点的规定，见附表 1-5，如附图 1-1～附图 1-3 所示。

标　　线　　　　　　　　　　　　　　　　　　　　附表 1-5

图形	名称	设置范围和地点
	禁止跨越标线	危险区域的地面
	警告标线（斜线倾角为 45°）	易发生危险或可能存在危险的区域，设在固定设施或建（构）筑物上
	警告标线（斜线倾角为 45°）	
	警告标线（斜线倾角为 45°）	

续表

图形	名称	设置范围和地点
▌▌▌▌▌▌▌▌▌▌▌▌▌▌▌	警告标线	易发生危险或可能存在危险的区域，设在移动设施上
⚡ 高压危险	禁示带	危险区域

附图 1-1　临边防护标线示意图
（标志附在地面和防护栏上）

附图 1-2　脚手架剪刀撑标线示意图
（标线附在剪刀撑上）

附图 1-3　电梯井立面防护标线示意图
（标线附在防护栏上）

第六节　制　度　标　志

施工现场制度标志的名称、设置范围和地点的规定，见附表 1-6。

制度标志

附表 1-6

序号	名　称		设置范围和地点
1	管理制度标志	工程概况标志牌	施工现场大门入口处和相应办公场所
		主要人员及联系电话标志牌	
		安全生产制度标志牌	
		环境保护制度标志牌	
		文明施工制度标志牌	
		消防保卫制度标志牌	
		卫生防疫制度标志牌	

续表

序号	名　称		设置范围和地点
1	管理制度标志	门卫管理制度标志牌	施工现场大门入口处和相应办公场所
		安全管理目标标志牌	
		施工现场平面图标志牌	
		重大危险源识别标志牌	
		材料、工具管理制度标志牌	仓库、堆场等处
		施工现场组织机构标志牌	办公室、会议室等处
		应急预案分工图标志牌	
		施工现场责任表标志牌	
		施工现场安全管理网络图标志牌	
		生活区管理制度标志牌	生活区
2	操作规程标志	施工机械安全操作规程标志牌	施工机械附近
		主要工种安全操作标志牌	各工种人员操作机械附件和工种人员办公室
3	岗位职责标志	各岗位人员职责标志牌	各岗位人员办公和操作场所

附录 2 高处作业吊篮基础检验
记录表（JB/T 11699—2013）

高处作业吊篮基础检验记录表

高处作业吊篮基础检验记录表				编号	
工程名称				日期	
安装部位					
安装单位			项目负责人		
总包单位			项目负责人		
监理（建设）单位			监理工程师		
执行标准名称及编号					
检验项目	检验结果				
	合格	证据	不合格	原因	
基础支撑结构承载情况					
基础锚栓或预埋件拉拔受力情况					

验收结论			
参加验收单位	总包单位	安装单位	监理（建设）单位
	项目负责人： 　　年　月　日	项目负责人： 　　年　月　日	监理工程师： 　　年　月　日

注：本表由安装单位填报，建设单位、监理单位、总包单位各保存一份。

附录 3 高处作业电动吊篮班前日常检查表（JB/T 11699—2013）

工程名称：　　　　　　　吊篮型号：　　　　　　使用台数：　　　　台

序号	检查部位	检查项目	检查情况	检查记录
1	电气系统	各插头与插座是否松动	是□，否□	
		保护接地和接零是否牢固	是□，否□	
		电源电缆的固定是否可靠，有无损伤	是□，否□	
		漏电保护开关是否灵敏有效	是□，否□	
		各开关、限位器可和操作按钮是否正常	是□，否□	
2	悬挂机构	前后支架安装位置是否被移动	是□，否□	
		配重块是否缺损、码放是否牢固、是否固定	是□，否□	
		紧固件和插接件是否安全、牢固	是□，否□	
		攀绳有无损伤或松懈现象	是□，否□	
3	钢丝绳	有无断丝、毛刺、扭伤、死弯、松散、起股等缺陷	是□，否□	
		局部是否附着砂浆、涂料或粘结物	是□，否□	
		绳卡是否松动、钢丝绳有无局部损伤	是□，否□	
		限位块和重锤是否有效，有无松动	是□，否□	
4	安全扣及安全保险绳	安全扣的使用是否正确	是□，否□	
		保险绳有无断丝、断股或松散现象	是□，否□	
		保险绳的固定是否可靠，转角受力点有无软垫保护	是□，否□	
5	安全锁	动作是否灵敏可靠	是□，否□	
		锁绳角度是否在规定范围内	是□，否□	
		与吊架连接部位有无裂纹、变形、松动	是□，否□	
6	提升机	动转是否正常、有无异响、异味或过热现象	是□，否□	
		制动器有无打滑现象：摩擦片间隙是否符合按要求调整	是□，否□	
		手动滑降是否灵敏有效	是□，否□	
		润滑油有无渗、漏，油量是否充足	是□，否□	
		与吊架连接部位有无裂纹、变形、松动	是□，否□	
7	悬吊平台	有无弯扭或局部变形，焊缝有无裂纹	是□，否□	
		紧固件和插接件是否完整、牢固	是□，否□	
		底板、侧栏和栏片连接是否可靠	是□，否□	

检查维护人签字：　　　　　年　月　日　　　　　产权单位：

附录 4 高处作业吊篮定期检修与保养
项目表（JB/T 11699—2013）

高处作业吊篮定期检修与保养项目表			日期/时间		编号	
设备编号			检修前作业周期或累计作业时数			
序号	检查部位	检查项目			检查与处理情况	
1	电气系统	电源、电缆损伤情况				
		各电气元件损伤或失灵情况				
		接触器触点烧蚀情况				
		其他				
2	悬挂机构	受力构件塑性变形和腐蚀情况				
		焊缝开裂或出现裂纹情况				
		紧固件松动；插接件塑性变形或磨损				
		其他				
3	钢丝绳	断丝或磨损情况				
		端部接头绳夹及插销情况				
		其他				
4	安全带及安全保险绳	固定及转角受力处损伤或磨损情况				
		断丝、断股或磨损情况				
		其他				
5	安全锁	各转动部位加油润滑情况				
		摆臂转动及弹簧复位力量				
		滚轮转动及轮槽磨损情况				
		其他				
6	提升机	润滑油有渗、漏及所存润滑油情况				
		进、出绳口磨损情况				
		电动机尾部手松机构完好情况				
		制动电动机摩擦片磨损情况，摩擦盘厚度小于说明书规定时应更换				
		其他				
7	悬吊平台	构件塑性变形和腐蚀情况				
		焊缝裂纹、开裂情况				
		紧固件连接松动情况				
		其他				

检修日期：   检修人员：   负责人：

附录5 高处作业吊篮安装检查验收表 (JB/T 11699—2013)

高处作业吊篮安装检查验收表		日期		编号	
工程名称			施工地点		
安装单位			安装人员		
吊篮生产单位			设备标号		
吊篮型号		悬吊平台长度	m	额定载重量	kg
检验部位	检验项目		要求及标准值		检验结果
标准悬挂支架	前梁的外伸长度		符合 5.2.9b)		
	配重数量或重量及标识		符合 5.2.9c)		
	前、后支架与支撑面的接触		符合 5.2.9d)		
	悬挂机构横梁安装的水平度差		符合 5.2.9e)		
	加强钢丝绳的张紧度		符合 5.2.9f)		
	悬挂机构之间的安装距离		符合 5.2.9g)		
	前后支架的组装高度		符合 5.2.9h)		
	主要结构件变形、腐蚀、磨损情况		符合 5.2.9i)		
	吊篮的任何部位与输电线的安全距离		符合 5.2.9j)		
	前梁安装高度超出标准支架的前梁高度时		符合 5.2.9k)		
	前梁外伸长度超出标准支架上极限尺寸的非标悬挂支架		符合 5.2.9 l)		
特殊悬挂支架	预埋件和锚固件的安全系数		≥3		
	机械式锚固悬挂架的抗倾覆指数		≥3		
	固定悬挂架与建筑结构的连接强度		符合 5.2.10c)		
	安装墙钳支架的女儿墙受力		符合 5.2.10d)		
	临时悬挂轨道安装		符合 5.2.10e)		
	主要结构件变形、腐蚀、磨损情况		符合 5.2.9i)		
	吊篮的任何部位与输电线的安全距离		符合 5.2.9j)		
悬吊平台	悬吊平台对接长度		符合 5.2.11b)		
	零部件		应齐全、完整，不得少装、漏装		
	紧固件连接		螺栓应按要求加装垫圈；不得以小代大；所有紧固件应该紧固到位		

续表

检验部位	检验项目		要求及标准值	检验结果
悬吊平台	提升机和安全锁与悬吊平台的连接		采用专用高强度螺栓；连接可靠	
	销轴端部安装		符合5.2.11d)	
	主要结构件变形、腐蚀、磨损情况		符合5.2.9i)	
整机组装与调试	电控箱		符合5.2.12b)	
	钢丝绳规格、型号、特性		符合《使用说明书》规定	
	钢丝绳绳端固定		符合5.2.12c)	
	工作钢丝绳与安全钢丝绳		不得安装在悬挂机构横梁前端同一悬挂点上	
	安装在钢丝绳上端的上行程限位挡块		符合5.2.12e)	
	重锤安装		符合5.2.12f)	
	钢丝绳穿头端部		符合5.2.12g)	
	外观（断丝、磨损、局部缺陷）		无局部损伤或缺陷	
	钢丝绳表面附着物情况		不允许明显存在	
	安全大绳安装		符合5.2.12i) 2)、3)	
提升机	外观		无裂纹、无明显变形	
	渗、漏油情况		无漏油及明细渗油	
	技术状况		工作正常，无异常现象	
	与吊架连接情况		正确、可靠、螺栓合格	
安全锁	外观		无缺陷、无损伤	
	工作状况		动作灵敏可靠	
	技术状况		锁绳角在规定范围内或快速抽绳应锁绳	
	与吊架连接情况		正确、可靠、螺栓合格，无裂纹、变形、松动	
电气系统	电缆线外观及固定情况		无破损、无明显变形	
	绝缘电阻		$\geqslant 2M\Omega$	
	接地电阻		$\leqslant 4\Omega$	
	元器件		灵敏、可靠	
	行程限位装置		正常、有效	
运行试验	空载	悬吊平台升至1m，查相序、制动、悬挂	正常、有效	
	额定载重量	悬吊平台升至1m，查制动、安全锁、悬挂	正常、有效	
		悬吊平台升至2m，查手动滑降	正常、有效	
		悬吊平台升至顶部，查上行程限位装置	灵敏、可靠	
验收结论				
参加单位	总包单位 项目负责人： 年 月 日	安装单位 项目负责人： 年 月 日	监理（建设）单位 监理工程师： 年 月 日	

注：本表由安装单位填报，建设单位、监理单位、总包单位各保存一份。

参 考 文 献

［1］ GB 19155—2017《高处作业吊篮》.北京：中国标准出版社，2017.

［2］ GB/T 25030—2010《建筑物清洗维护质量要求》.北京：中国标准出版社，2010.

［3］ JB/T 11699—2013《高处作业吊篮安装、拆卸、使用技术规程》.北京：中国建筑工业出版社，2013.

［4］ JGJ 33—2012《建筑机械使用安全技术规程》.北京：中国建筑工业出版社，2012.

［5］ JGJ 46—2005《施工现场临时用电安全技术规范》.北京：中国建筑工业出版社，2005.

［6］ JGJ 80—2016《建筑施工高处作业安全技术规范》.北京：中国建筑工业出版社，2016.

［7］ JGJ 160— 2016《施工现场机械设备检查技术规范》.北京：中国建筑工业出版社，2016.

［8］ JGJ 305—2013《建筑施工升降设备设施检验标准》.北京：中国建筑工业出版社，2013.

［9］ JGJ 348—2014《建筑工程施工现场标志设置技术规程》.北京：中国建筑工业出版社，2014 .

［10］ JGJ/T 429—2018 行业标准《建筑施工易发事故防治安全标准》.北京：中国建筑工业出版社，2018.

［11］ 广东省建筑安全协会 .《高处作业吊篮安装拆卸工》.广州：华中科技大学出版社，2016.

［12］ 张华，薛抱新 . 高处作业吊篮在特殊工程中的应用［J］应用技术，2008（8）：44-46.

［13］ 李昭勉 . 高处作业吊篮的使用与管理［J］建设机械技术与管理，2001，4：33-35.

［14］ 王春琢 .《施工机械基础知识》北京 . 中国建筑工业出版社 2016.

［15］ 王平 .《建设机械岗位普法教育与安全作业知识读本》.北京 . 中国建筑工业出版社，2015.

［16］ 《设备管理与维修》2012 年，机械工业出版社.

［17］ 《建筑工程安全员培训教材》2010 年，中国建材工业出版社.

［18］ 浙江开元建筑安装集团安全手册.

［19］ 上海普英特高层设备股份有限公司培训手册.

［20］ 江苏雄宇重工集团培训手册.

［21］ 无锡小天鹅机械公司培训手册.

［22］ 无锡瑞吉德机械公司培训手册.

［23］ 沈阳学龙机械有限公司吊篮培训手册.